一生的忠告

[英] 切斯特菲尔德 著　文轩 译

LETTERS TO HIS SON
AND
OTHERS

中国书籍出版社
China Book Press

图书在版编目（CIP）数据

一生的忠告/（英）切斯特菲尔德著；文轩译．—北京：中国书籍出版社，2016.9

ISBN 978-7-5068-5899-1

Ⅰ．①一… Ⅱ．①切…②文… Ⅲ．①人生哲学—通俗读物 Ⅳ．① B821-49

中国版本图书馆 CIP 数据核字（2016）第 246745 号

一生的忠告

（英）切斯特菲尔德 著，文轩 译

图书策划	牛　超　崔付建
责任编辑	成晓春
责任印制	孙马飞　马　芝
出版发行	中国书籍出版社
地　　址	北京市丰台区三路居路 97 号（邮编：100073）
电　　话	（010）52257143（总编室）（010）52257140（发行部）
电子邮箱	eo@chinabp.com.cn
经　　销	全国新华书店
印　　刷	三河市华东印刷有限公司
开　　本	880 毫米 ×1230 毫米　1/32
字　　数	295 千字
印　　张	10.25
版　　次	2017 年 1 月第 1 版　2020 年 1 月第 2 次印刷
书　　号	ISBN 978-7-5068-5899-1
定　　价	42.00 元

版权所有　翻印必究

序

　　切斯特菲尔德勋爵是英国著名政治家、外交家和文学家。他出身贵族，早年曾就读于名校剑桥大学三一学院。大学毕业后他在欧洲大陆四处游历，回国后成为英国下议院的议员，就此开始了仕途生涯。32岁时他继承了父亲的爵位，4年后受到重用，进入枢密院工作。他曾担任英国驻荷兰海牙的大使，41岁回国后，又先后担任爱尔兰总督、国务大臣等要职。切斯特菲尔德勋爵凭借其高贵的品性深受时人的赞赏。

　　1732年，在荷兰海牙担任大使期间，切斯特菲尔德勋爵爱上了一位家庭女教师，并与其生下一子菲利普·斯坦霍普。在孩子刚生下不久，他就被调回英国。在英国他很快迫于家族的压力结婚成家，但他并未忘记远在荷兰的爱人和孩子。从菲利普·斯坦霍普快满6岁起，作为生身父亲的切斯特菲尔德勋爵就开始给他写信，并坚持了许多年。在信中，切斯特菲尔德勋爵对自己的儿子提出了许多忠告和期望，并对其进行了"准贵族"式的良好教育。父亲希望自己的儿子能够保有永不褪色的高贵，并无愧于自己的出身。菲利普·斯坦霍普在父亲的指点下，在待人处世方面有了长足的进步，成为非常优秀的青年。但是，不幸的是，

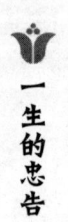

由于身患疾病，菲利普·斯坦霍普年仅36岁就不幸离世。在菲利普·斯坦霍普身患重病期间，切斯特菲尔德勋爵又领养了一名继子小菲利普·斯坦霍普，并对其悉心教养。

本书所收进的信大部分是切斯特菲尔德勋爵写给菲利普·斯坦霍普的，一小部分是写给其继子菲利普·斯坦霍普的。这些私人信件能够出版面世，我们要感谢他的儿媳，正是她在切斯特菲尔德勋爵死后公开这些信件，世人才有缘见到这些"优雅"的福音书。200多年来，切斯特菲尔德勋爵写给儿子的家书风靡欧洲各国，成为西方家庭教育孩子的必备书。切斯特菲尔德更是成为"温文尔雅"的代名词。

中西方文化虽然背景迥异，但切斯特菲尔德勋爵对其子语重心长的谆谆教导，同样能让东方的家庭获益匪浅。

出身贵族世家的切斯特菲尔德勋爵极力推崇优雅这一品质。在写给儿子的信中，他说"美德和学识若是没有优雅相伴，便会黯然失色"，"迷人的风度、得体的谈吐、优雅的举止将有助于人们发现你身上更伟大的品质"。在他看来，除了最基本的美德和学识之外，优雅而高贵的风度是年轻人修炼个人品性素养的基础，它不仅有助于他们在上流社交圈树立良好的形象，而且也能令其仕途一帆风顺。切斯特菲尔德勋爵对人性的理解和剖析至为深刻。比如，他承认虚荣心是人类的本性，时常诱使人们做出许多蠢事，甚至违法犯罪；可是更多时候，虚荣心能够指导人们正确行事，激励人们奋发向上。又如，人类的本性中总有一种占主导地位的情感，我们可以从这种主导的情感入手来了解某个人；可是，人也不是一成不变的，还会受到其他次要因素的影响，做出与他一贯行为相左的事情，就像历史上的伟人或许就是因为一时冲动或者为某种情绪所控，才做出某个影响历史的决定或行为。在谈到友谊的话题时，他认为"真正的友谊需要慢慢培养，只有经过长时间的相互了解和彼此欣赏，友谊之花才开得灿烂"，"你怎样对待别人，别人也会怎样对待你"，"大多数人其实打心眼里希望身边的朋友在各方面都不如自己"，所以知音难求，年轻人在择友问题上应该小心谨慎，尽量避免交友不慎。关于学习和娱乐的话题，他指出"年轻人应该在18岁以前奠定牢固的知识基础"，"选择适合自己的娱乐方式，不要盲目地模仿他人"，"不要把所有的时间都花在学习上"，"合理分配学习和娱乐的时间，将会使你获得更大的快乐"。"你想要成为什么样的人，就能成为怎样的人，只要方法得当。"关于健康问题，他提醒儿子千万不要到了生病的时候才想起健康的可贵，平时就应该使自己的生活有规律。

然而，这位父亲活着的时候肯定从未想过这些书信有一天会公之于众。他写给儿子的信是如此的率直、真诚、坦荡，以至于某些地方坦然暴露了自己的缺陷和不足。比如，谈到人际交往时，他有时候过分强调取悦他人，甚至有谄媚的感觉，这未免失之过当。他还大肆鼓吹贵族社会的准则，建议儿子把贵妇人当做跻身上流社会的跳板，对她们大献殷勤。他的这些观点在当时甚至就已被人称为"溜须拍马经"，这也有失偏颇。当然这在很大程度上是时代的局限所致，我们也没有必要因此而鄙视切斯特菲尔德勋爵，认为他教子无方。我们更应该分清其中的香花稗草，择其善者而从之。其实，每个人内心都是渴望赢取他人好感的。如何赢取他人好感，切斯特菲尔德勋爵在给儿子的信件中还是提出了一些非常中肯的意见。比如，在信中告诫儿子应该努力通过文雅的举止和得体的谈吐来博得他人的好感,这是值得我们借鉴和效仿的。

此外,有些书信中体现出来的期望未免有矫枉过正之嫌。比如,他过分强调完美,要求儿子在品性上达到尽善尽美,这其实是不现实的,也不是现代教育所推崇的。这和我们国家的一些望子成龙的家长何其相似。事实上,虽然菲利普·斯坦霍普后来成为一位出色的外交家,但也没有达到他父亲期望的高度,成为一名无可挑剔的贵族的典范。他的继子小菲利普·斯坦霍普也没能如他所愿,最后只是一个普通的英国绅士。在此,我们无意于否定切斯特菲尔德勋爵对儿子的这些教诲,只是希望读者能够明辨,要是没有亲身体验过,即使是最正确的教诲,也难以在实践中落到实处。

《一生的忠告》被誉为"使人脱胎换骨的道德和礼仪全书",倾注了一位父亲对儿子最真挚、最坦诚的关爱。这种关爱从儿子的出生到成长,遍布人生的每一个阶段。无论什么时代,父母都希望子女能够获得人生的成功,品尝人生的幸福。这种"父母心"是每一个时代所共有的,也是在《一生的忠告》展露无遗的。无论是作为父母,还是作为孩子,读一读《一生的忠告》,都是很有意义的。

致我最亲爱的孩子

亲爱的孩子：

你是我这一生中最大的希望。我这一生中最荣耀的一件事，就是有了你。在我的眼里，你是这个世界上最聪明、最优秀的孩子。在我内心深处，我永远都为你感到骄傲和自豪。

但经常性的，我禁不住会感到一种忧虑：我虽然给了你生命，将你带到这个世界上，但除此之外，我却无法给你太多。

这个世界非常精彩，但也非常复杂，我担心你那颗纯洁、稚嫩的心灵，不知道怎样去面对生命中那些太多的重负。我一向都不愿让你过早触及这个社会中人性的复杂、难测、卑劣、丑恶和黑暗的一面，我实在不愿点醒你那色彩缤纷的梦幻，不愿让混乱迷茫带入你那始终纯净如一泓清泉、天真得像童话般的心境。

有时，我真希望你永远都不会长大，永远都保持童真，永远都待在幼儿园。但我也知道，这是不可能的。你不可能永远都生活在父母的呵护照顾下，畅游于家庭温馨平静的港湾里。你一天天不停地长大，总有一天你会不可避免地走上社会，迎接属于你的风雨人生。

我非常替你担心，你那颗柔嫩、天真、善良的心，将如何去

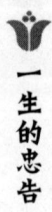

迎接人生的起落跌宕？将如何去应对这个变幻莫测的世界？

往后的几年，也就是你成年前的这几年，这段特殊时光对你未来漫长的人生道路的影响，将无比深远。经过仔细的思考，我将把我所有的人生体验全告诉你，希望这些能给你一些提示或启发，能使你的成长一帆风顺，能使你在未来的人生之路上，走得更快、更好、更顺、更稳。

亲爱的孩子，只要你做好准备接受人生的一切挑战，愿意去品尝战胜困难和挫折的快乐，你便能过上最充实和最幸福的生活，并能领略到人生真正的价值。

在广阔无边的非洲大草原上，每当旭日东升，羚羊从睡梦中醒来时，它想起的第一件事就是它要跑得比最快的狮子还快，不然就有被狮子吃掉的危险。与之相应，狮子醒来时，它同样懂得自己必须能追赶上跑得最慢的羚羊，否则，它就会饿死。

羚羊与狮子的寓言虽然非常简短，但其中所蕴藏的智慧，完全适用于人生的各方面。亲爱的孩子，这个世界充斥着激烈而残酷的竞争，自然界中各种生存法则在人类社会中同样适用。

我们每个人一生下来都是一样的，但随着环境的变化，便产生了差异：有的人成为狮子，有的人成为羚羊。在这个世界上，我们每个人所面临的竞争与挑战都是一样的；我们每个人都要接受风雨的洗礼，都要面对人生中的千难万险。

亲爱的孩子，其实你究竟是狮子还是羚羊，这并不重要，重要的是每天太阳升起的时候，你都在奔跑！

亲爱的孩子，父亲祝你一生快乐、幸福！

永远爱你的父亲　切斯特菲尔德

目 录

第一辑
青春无价
001

第二辑
完善修养
023

第三辑
学习的方法和乐趣
059

第四辑
善养吾气
093

第五辑
辩才与礼仪
135

第六辑
男子汉培训法则
161

第七辑
漫游与学习
203

第八辑
完善自己的人脉
219

第九辑
生活的艺术
281

第一辑

青春无价

一日之计在于晨,一年之计在于春。

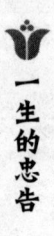

——第1封信——
时间易逝，请多珍惜！

虽然每个人嘴上都说要珍惜时间，可是很少有人把它兑现。如果我们在年轻的时候没有播撒知识的种子，那么等我们老了，我们也就休想有知识的树荫来为我们遮风挡雨。

亲爱的孩子：

请珍惜时间，也要充分利用时间。我想把太多的事情告诉你，可没有哪一件及得上现在所说的重要。虽然每个人嘴上都说要珍惜时间，可是很少有人把它兑现。那些整天说着无聊的废话，白白浪费光阴的人，真是一群傻瓜。他们的存在，仿佛只是为了证明时间的可贵和易逝。

无论你走到哪儿，你都能在公共场所的标志性建筑上看到醒目的座钟，那富有节奏的"滴答！滴答！"声每时每刻都在提醒着你：时间易逝，请多珍惜！可是，仅仅明白时间的重要性还不够，如果你不在实际行动中珍惜时间，你是不可能真正认清时间的价值的。

从你的来信中，我看到你现在能够合理安排、利用自己的时间，这让我非常高兴。这就好比你在为你的未来储蓄一笔资金，而这笔资金将在未来给你带来财富。在此，我并不想告诉你该如何利用时间，只是想就如何安排好你今后两年的时间给你提一些建议。我觉得这两年在你漫长人生道路上，是非常关键的阶段。

记住，在你18岁以前，你就要为自己的知识打下牢固的基础；否则，你将很难掌握更多的知识，很难实现你的人生理想。随着年岁的增长，知识将发挥愈发重要的作用，它将为你提供休憩的场所和避风的港湾。如果我们在年轻的时候没有播撒知识的种子，那么等我们老了，我们也就休想有知识的树荫来为我们遮风挡雨。一旦你踏入社会，我将不再要求或期望你把时间都花在学习上，因为这很难做到，甚至相对而言，这也不合情理。那是你自己的时间，完全属于你的时间，你可以自主分配它们。你每天花在学习上的时间多一点，抵达胜利的终点就会快一点。你越是有效地利用时间，就能越早获得真正的自由。我想跟你做一笔生意，我在此承诺，如果你在18岁以前遵照我的意愿去做，在你满18岁以后，我也会为你做任何你希望我做的事。

有一位绅士，他非常善于安排自己的时间，从来不会浪费一丁点儿时间。例如，他买了一本贺拉斯的书，每次出门前都撕下两页，随身带着，一有合适的地方就取出来阅读，读完之后将其烧掉。通过这种方式，他节省了很多时间。我希望你能以他为榜样，用他那种方式读书，这会使你将每一本读过的书都牢牢记住。自然科学类的书和其他一些严谨的书，你应该不间断地阅读，另外一些十分有用的书，你可以分阶段地略读。此外，在所有优秀的拉丁诗人（维吉尔的《埃涅阿斯纪》例外）以及大多数当代诗人的诗作中，你会发现许多篇章值得一读，最多只会花上你七八分钟的时间。一些词典类的工具书则适合人们在学习或娱乐之余随意翻阅。晚安！

——第2封信——
勤奋求知

没有牢固的知识基础,就想成为有才干的人,简直是痴人说梦;而年轻时打下的知识基础和为之付出的全部努力,总有一天会回报你。

亲爱的孩子:

接下来的两年是你人生中很重要的时期,我忍不住要对你提出要求、劝告和最热切的恳求(这是我最希望你听进去的),希望你能听从我的劝告,并能够很好地利用这段时间。如果你现在浪费哪怕一寸光阴,那就无异于使你将来的名誉蒙羞,无法展现你的优势;而如果能充分利用时间,那就相当于节约出了大量时间,可以获益更大。

你必须在这两年中打下扎实的知识基础,以后就可以在这个基础上建起高楼大厦,想盖多高就能盖多高;否则,根基不稳,这座大厦将很难被建起。因此,我恳求你,为及时获取知识,请千万不要舍不得付出自己的辛劳和努力。没有知识,就不可能成为杰出的人物,只能在世上做个很平庸的人。想想你自身的情况吧,你的出身并不体面,你也没有丰厚的财力做后盾,而在你真正掌握了待人处世之道以前,我大概已经从这个社会中隐退了。那么除了你自身具备的良好修养以外,还有什么能让你依靠呢？如果你具备了各种优秀品质，即使你很贫穷，你也拥有雄厚的资本，你也能依靠它得到提升。我经常听到或读到一些这样的例子——品格高尚的人被压制，受到不公正的待遇。可我也常常（我要说总是）看到具有优秀品质的人洁身自好，虽然这么做会遇到很多麻烦，可是至少在某种程度上总会得到回报。我这里所说的优秀品质指的是美德、学识和举止。关于美德，它本身就能很好地展现自己，无须我在这里多作介绍。我只希望你相信，若是不具备这些优秀的品质，你也不会生活得快乐幸福。

我常跟你提到学识，相信你已经完全理解它的重要性。不管你今后从事什么工作，掌握丰富的知识非常必要。学识所包含的内容相当广泛，而人的一生却十分有限，根本无法完全掌握所有的知识，而且人的大脑也不可能吸收并消化所有的知识。在此，我只是为你指出生活中经常用到的知识，在运用过程中你自然会更好地掌握它。古典知识是指希腊文和拉丁文，每个人都必须掌握它。"文盲"这个词广义上指的就是那些不懂希腊文和拉丁文的人，我希望你现在能够基本掌握这两种语言。你每天只需花少量的时间加以巩固，两年时间下来你完全能够掌握它们。修辞学、逻辑学、几何学以及天文学都是你必须花时间学习的科目。我并不希望你对每一门都做深入研究，但你应该对各门学科都有所涉猎。考虑到你今后将从事的职业，我认为现代语法、历史、法律、地理学等知识对你更加有用。你必须尽可能学会讲多种现代语言，而且力争要像当地人一样那么流利。若是一个人不能清楚、连贯地用某种语言表达自己，他就不可能在谈话中占据优势，也不可能跟别人正常交流。你的法语已经学得很不错了，可还要勤加使用，这样法语水平才会有所进步。我想现在你的德语

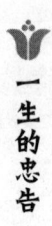

应该说得也挺好，而且在你离开莱比锡以前肯定可以完全掌握。至少，我相信你能做到。此外，你还得花点时间学习意大利语和西班牙语。其实了解希腊文和拉丁文的人学这两门语言，并不会很难；因此学习它们不会占用你太多时间，学习过程中也不太会遇到什么麻烦。现代史，我指的是近300年的历史，应该成为你坚持学习的重要科目，尤其是那些与欧洲各强国联系紧密的部分。在学习现代史的过程中，还要学习纪年法和地理学。这样的话，当你讲到历史上某个重要事件的时候，就可以清楚地知道它所发生的时间。在地图上亲自找出所有学过的地名，这是学好地理很有效的方法。如果不这样做的话，那些地名很快就会被忘记。要知道，即便是笨人也可能在短时间内学会地理知识，可是他们记忆不深，转瞬即忘。

说到优雅的举止，虽然我把它放在优秀品质的末位，看起来似乎最不重要，但它却是构成一个人优秀品质不可或缺的因素，也为一个人的美德和知识增光添彩。请记住，优雅的举止可以培养、提升你敏锐的判断力，为你带来数不清的好处。

两年以后你将踏入社会，必然会接触到各种社交圈，会被琐事缠身，到那个时候你就没有时间和精力去学习新知识了。尽管你可以合理地安排自己的时间，留出一部分继续积累知识，可是已经不可能有充足的时间让你重新打基础了。我相信，你能很好地理解我这番话的含义，并且能够做出正确的判断。不管你现在需要付出怎样艰辛的努力，我的孩子，你也不要轻易放弃。

亲爱的孩子，看在上帝的份上，请不要浪费时间，你的每一分每一秒都非常珍贵。今后你能否仕途通达、能否养成良好品格、能否声名显赫，都取决于你在往后这两年中能否珍惜时间。

如果能充分利用时间，你就可以光明正大地赢取你渴望的一切；如果是随意挥霍时间，我真不敢想像你还会有什么出息。

你若是梦想将来成为杰出人物，受到万众瞩目，那么现在就得努力学习。没有牢固的知识基础，就想成为有才干的人，简直是痴人说梦；而年轻时打下的知识基础和为之付出的全部努力，总有一天会回报你。这是我的经验之谈，希望能对你有所帮助。

第一辑 青春无价

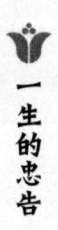

——第3封信——
青春年少好扬帆

我们唯一能掌控的,也是最弥足珍贵的时间就是"现在"。我不希望你一辈子都使用一成不变的时刻表,你应该根据各个不同的年龄特征合理安排时间。

亲爱的朋友:

你现在青春年少、生机勃勃、充满朝气,我希望你的生活能够适度紧张,有充实感。你要活出名堂,为自己赢得美誉,对社会做出应有的贡献。你应该做出流传千古的丰功伟绩,或是写下永久传诵的经典作品,这两者我希望你都能做到。那些对生活满怀希望的人,是不会稍有懈怠和懒惰的。我们唯一能掌控的,也是最弥足珍贵的时间就是"现在"。对你来说更是如此,因为你将来的名誉、个人尊严、快乐和成就都取决于你如何利用"现在"。

你现在对时间的合理安排和有效利用让我很满意,但是,你是否能够一直坚持下去呢?我不希望你一辈子都使用一成不变的时刻表,你应该根据各个不同的年龄特征合理安排时间。现在,你每天上午学习5个小时,可我不会想像,也不希望你以后都这么做。你的时间将平均地用在工作和娱乐上。假如你只有一个小时,那么你是好好加以利用,还是白白浪费?如果你身边有这样的朋友，他能否像哈特先生那样随时提醒你？我相信你能利用好时间，可如果哈特先生因为公事或其他意外情况不得不和你分开六七个月，那么老实说，我能如何想你呢？是相信你会合理安排好每天的时间，进一步充实哈特先生为你建立的知识宝库，还是相信你每周会抽出一个小时来关注一下自己的事情，就像每个谨慎的人那样把它们安排得井井有条？并且，最重要的是，我能相信你只会与上流人士或时尚人士交往吗？不用担心金钱，我会为你支付任何必要的娱乐费用。不过，我得提醒你，如果让我知道你沉溺于下流可耻的消费，那我是不会原谅你的，你也别想再从我这里拿到一分钱。我承认上流社会的娱乐并不都是严肃而有价值的，禁欲主义者对此会加以严厉的谴责。虽然我已经55岁了，可我还没有碰到过如此谨行的禁欲者，我想你才18岁，更没有机会遇到这种人。许多上流人士偶尔也会贪杯或者贪食，可是绝不会沦为暴饮暴食者。向贵妇人献殷勤在上流社会一贯如此，你可以大胆效仿而不必担心自己的名声受损，这么做甚至还会让你行为举止更加优雅得体。在上流社交圈里，游戏就是游戏，决不会变质为赌博，并不是危险或不光彩的行为。

我不会像个糟老头子那样对你啰唆个没完，而是以朋友的身份对你提出忠告；我也不会强迫你接受这些。我相信你有足够的判断力，能清楚地明白这些忠告有多合理，对你也很有用。那么你下定决心照我的话做了吗？你能否抵得住放荡者的诱惑，拒绝他们臭名昭著的"言传身教"呢？我认识的许多年轻人，就因为心志不坚最终沉溺于下流的娱乐，不能自拔。无论有没有哈特先生的关心和帮助，你都得下定决心以自己的意志去抵制这些坏影响。同时，你也要虚心向哈特先生求教，直到他觉得他再也没有

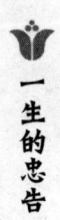

什么可以教给你为止。

　　你读过或在读的意大利文著作有哪些？我希望你能好好阅读亚里士多德的作品。你最好不要荒废意大利语的学习。这门语言很简单，你可以随时说上几句，或者经常阅读一些意大利文作品。最多只需要花上6个多月的时间，你就可以完全掌握它，并且一旦掌握就永远不会忘记，而那些我们所知不多的东西往往最容易被我们遗忘。

——第4封信——
有效率的学习

很少有人能有条不紊地管理好自己的财富，能高效合理地支配自己时间的人更是少之又少。不知道该如何安排时间，会成为一个人获得知识和财富的最大阻碍。

亲爱的朋友：

很少有人能有条不紊地管理好自己的财富，能高效合理地支配自己时间的人更是少之又少。两相比较，后者尤为可贵。我热切地期盼你能管理好财富、利用好时间，现在到了你该认真考虑这两个问题的时候了。

年轻人总觉得自己的"明天"还多得很，于是就大手大脚地浪费时间，一点也不吝惜。这种心态就像拥有万贯家产的人，一掷千金，从来不知道珍惜。等到他们发现时日无多或钱财散尽的时候才后悔不已，可是大错铸成，后悔已晚！朗兹先生是威廉国王、安妮女皇和乔治一世时期赫赫有名的财政部长，他曾经说过："小钱掌管好了，大钱自然无虞。"他不仅是这样说，也是这样做的。当时，他去世后给两个孙子各留下一笔遗产，他们就是利用这笔遗产起家，积累巨额财富的。

我们对待时间也应如此。我恳请你珍惜一天当中的每一分每

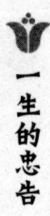

一秒，不要因为分秒的时间过于短暂而忽视它们；若不珍惜每分每秒，那么一天时间稍纵即逝，一年下来浪费的时间就让人瞠目结舌了。刚开始踏入社会的时候，我急切地想得到人们的赞美和喜爱，对社会名望充满着极度的渴求。在这种虚荣心的驱使下，我变得"贪得无厌"，而且还做过不少傻事；可是，换个角度看，我也在虚荣心的指导下做过很多明智的事情。（此处勋爵转移了话题）

打个比方，如果你和人约好12点整在某地碰面，于是你11点出门，打算先去拜访两三个朋友，可是不巧他们都不在家。那么，与其到咖啡馆闲逛、消磨时间，还不如打道回府，做点别的有益的事情。你可以给别人回一封信，或者阅读一本好书。当然，因为时间较短，不适合阅读笛卡儿、马勒伯朗士、洛克或牛顿等人的著作，不过你可以看一些简短、有趣的文章，例如贺拉斯、布瓦洛、拉布吕耶尔等人的作品。这样一来，你就充分地利用了这段零散的时间，节约了时间。

然而，有很多人把很多时间浪费在阅读轻浮、无聊的书上。比如，他们喜欢看200年前流行的传奇故事，或者《天方夜谭》，或是眼下流行于法国的讲述神话故事的小册子。我奉劝你千万不要把时间浪费在这些书上，而是要坚持阅读各国经典作品，特别是那些著名的诗人、历史学家、演说家或哲学家的作品。

不知道怎样安排时间，会成为一个人获得知识和财富的最大阻碍。许多人常常因为懒惰、散漫，在毫无察觉中就把时间浪费掉了。他们懒洋洋地躺在靠椅里打着哈欠，心里想着反正时间不多，做什么都不够用。这么想，自然什么事都做不成。像你这样的年轻人，才刚刚踏上这个社会，不应该贪恋懒惰、闲散的生活，应该表现得积极向上、勤劳认真、不知疲倦。请记住，今天的事情今天做，绝不要拖到明天。

效率是做事的关键，而运用适当的方法能有效地提高办事效率。做每件事都要讲究方法，并且要坚持到底，不能三心二意，除非发生了意外情况。一个星期之中用几个小时或一天时间来整理自己的账目，使它一目了然，这么做不会花很多时间，而且也能让你对自己的日常开销非常清楚。将各种类型的信件和论文存档时，都要贴上标签，然后分门别类地加以收藏。一旦你有需要，就能快速地查找到需要的资料。阅读也要讲究方法，你不妨利用早晨的时间看点书。记住，阅读必须保持一个持续的过程，三天打鱼两天晒网是绝对不行的。很多人喜欢读某些作家作品的篇章段落，或者不停地跳读各类书籍，这样可能很难把握书的主旨。随身携带一个笔记本，是帮助你记忆的良好方法。但要注意的是，不要摘录那些言而无当、华而不实的话语。读历史书的时候，地图和年表是需要必备的，以便及时查找。离开了这些工具书，对你而言，历史书就只是无聊的史料堆积。我还要向你推荐一种非常有效的方法，我年轻时就是用这种方法来协调工作和娱乐的时间的，它很管用。那就是"按时早起"，不管你前一天晚上熬夜多晚，第二天早上都要按时起床。这样，每天早上在做别的事之前你至少有一两个小时可以用来阅读或思考。

和许多年轻人一样，你可能也认为做事情按部就班、循规蹈矩过于麻烦，是对年轻人自由精神和激情的残忍压抑；只有那些反应不灵敏的人，才需要这么做。对此我可不敢苟同，相反，我要告诉你，遵循程序和章法会替你节省更多的时间。假如一个月

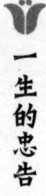

内你遵循某种方法行事，那么不仅不会给你增添任何麻烦，而且还会让你做起事来事半功倍。有效率地做一件有益的事件，就像锻炼有助于增进食欲一样，能够刺激人们的意志，给人带来快乐。不讲究方法则很可能一事无成……

愿上帝保佑你，希望你能从我的忠告中有所收获！

——第5封信——
今日事今日毕

> 我希望你早晨跟哈特先生学习雕刻；下午出去逛逛，开阔视野，长长见识；晚上出门拜访朋友。我可不希望你在身心上成为一个懒惰、懈怠之人。

亲爱的朋友：

新年是一个特殊的节日，人们可以按照传统习俗表达一些礼节上的、无伤大雅的恭维；还可以说出彼此的祝愿和关心。平时人们疏于传情达意，也就无法感受到对方真切的心意。而你我之间的情形大可不必如此，我们之间必须坦诚相对，不需要任何恭维、客套和赞美。

愿你有生之年活得充实富足，享尽人世间的快乐。在你身上，我倾注了最真挚的柔情，这令我更关心你的生活方式，而不是你的生命年限。假如你多活一天会受到更多的责难和羞辱，那么我宁愿你早一天离开人世。我并不残忍，相反我本性善良，即使对仇敌也宽大为怀，更何况你是我如此关心的人，是我寄予所有的希望的人。我现在确信，你完全值得我付出如此多的心血，也必定会实现我对你的期望。美德是所有可以产生快乐的元素中，唯一牢固的基础。虽然人们普遍认为，财富、权力、地位或别的因素能带给人快乐，可是在追求这种快乐的过程中，却常常

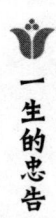

伴随着难以治愈的内心创痛……

　　看到你的前途一片光明，我打从心底里感到高兴！你的所见、所读、所闻，较之于大多数20多岁的年轻人，其丰富性已经远远超出。你的远大目标将带给你地位、财富和声望，而之前所受的教育也将为你奠定牢固的基础。目前你所欠缺的只是交往方面的礼仪，你只需要稍微用点心就能掌握得体的谈吐和优雅的举止……你的品行非常纯洁，知识体系也很完备（我相信你确实具备这一点），唯一美中不足的就是欠缺口才和礼貌——这是我一直以来希望你做到的。没有天赋的人决不会成为优秀的诗人，最多也就是个三流诗人；然而，人人生来就会说话，只要他愿意仔细聆听雄辩家的演说或者认真阅读名家名作，是不难做到像他们那样优雅、得体的。事实上，我建议那些不会说话的人最好沉默，因为我觉得这样的人不开口比开口说话更好。说到礼貌，若是有人在上流社交圈举止粗鲁、有失风度，那他就必须下决心改掉这些坏习惯。此外，与上流人士的交往也有助于你模仿优雅的言谈举止。这一年当中你去过许多大城市，见识过各式各样的上流人物，通过自己的努力学会了不少文雅的举止。相信你回来的时候，已经步入欧洲最有教养的绅士行列。

　　我在想，当收到这么多谈论口才与礼貌的信件时，你是否会说或者至少会想，怎么老是这样一味拿口才和礼貌说事啊，除了这些难道就没有别的可说了吗？为什么同一个话题颠来倒去说个没完呢？假如你果真这么想或这么说，那是因为你还没有意识到口才和礼貌能带给你的助益。我不会反复向你讲述它们的重要性，并且要求你一定要拥有它们；相反，你如果真的意识到了口才和礼貌的重要性，或者更确切地说是必要性，并且下定决心要掌握它们，那么我就没有必要再三劝告。

很高兴看到你在罗马期间将我的这些观点付诸实践。我敢肯定，只要你充分利用时间（我是说你所有的时间），你就能实现理想。（我希望你早晨跟哈特先生学习雕刻；下午出去逛逛，开阔视野，长长见识；晚上出门拜访朋友。我可不希望你在身心上成为一个懒惰、懈怠之人。）罗马不比巴黎，巴黎是时尚之都，巴黎人把大部分时间都花在吃喝玩乐上；而在罗马，一天之中你可以将足够的时间分配在各种各样的事情上。不过也有意外。若是拜访重要的人物，两三个小时显然不够用，那么你就得占用休息时间。6个小时，至多7个小时的睡眠时间，应该足够了；睡眠时间过长，并不健康，反而会引起懒惰和嗜睡，令人懈怠。有时候因事务繁忙或消遣娱乐不得不熬到凌晨四五点钟才入睡，那么我建议你应该仍像往常一样按时起床，这样就不会浪费早上宝贵的时间，而第二天晚上强烈的睡意会促使你早点上床睡觉。这是小时候一位哲人告诉我的秘方。我年轻时也有过纸醉金迷的生活，但那时我就常常按照规律安排作息。我经常凌晨6点入睡，早晨8点即起，这就意味着在早上我比同伴拥有更多的时间；而强烈的睡意又使得我在第二天晚上或第三天晚上睡得很香甜。这种方法令我拥有更多的时间用于阅读。如果我早上起床比同伴晚，那就不可能在20到40岁之间读到这么多书籍。你应该了解时间的真正价值，抓住每一分每一秒，享受分分秒秒带给你的快乐。千万不要表现得懒惰、无精打采或迟疑不定。今日事今日毕。

── 第6封信 ──
事无巨细均专注

　　对任何事情都要怀着一颗好奇的心，专心致志地做好每一件你要做的事。做这些事情的时候要注意全神贯注，否则你就是在浪费时间。

亲爱的孩子：

　　对任何事情都要怀有好奇，每一件事你都要专心致志地完成。在你这个年龄，不应该表现得懒散、冷漠，这是不应该的。想想吧，接下来的三四年时光对你今后的人生非常重要，你万万不可浪费这段宝贵的光阴。不要以为我希望你一心只读圣贤书，其他事情都不过问；其实我既未建议也不希望你这么做。我只是想看到你在学习之余还可以做点其他事情，不要浪费每一寸光阴，因为一年下来累计起来那可是一大笔时间啊。比如，一天当中除了学习和娱乐之外还有许多短暂的休息时间，你可不要觉得这么短的时间不适合做任何事，只是傻坐着打哈欠；请你随手拿本书阅读，不管它多么无聊，即使是笑话书也无妨，这总比无所事事好。

　　我从不认为娱乐是懒散的行为或是在浪费时间，而是把它们当成有理性之人的娱乐。相反，匀出一部分时间用于娱乐上，其实非常有益。比如，你可以参加公众集会和上流人士的聚会，与人共进晚餐，甚至还可以去舞会跳跳舞。做这些事情的时候要注意全神贯注，否则你就是在白白糟蹋时间。

　　许多人都以为自己能够将每天的时间都充分用上，可是到了晚上，把这些时间累加起来，就会发现其实没做成什么事。他们虽然花了两三个小时看书，可是看的时候心不在焉，非常机械，结果自然毫无所得。他们时常参加聚会，可是从来不会真正参与进去，既不去观察别人的个性，也不留意别人的话题；而是完全想着一些无关的琐事，或者干脆什么都不想。这种愚蠢、懒散的思维他们还冠之以"一心二用"和"分神"。他们去某地游玩，时常被那里的人或物吸引，结果反而将游玩的初衷抛到了九霄云外。

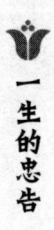

——第7封信——

知识的重要性

一个人如果没有足够的知识储备，是很难在事业和生活中取得什么突破性进展的，更难以向更高的层次发展。/知识的价值远远大于财富的价值。

亲爱的孩子：

一个人如果没有足够的知识储备，是很难在事业和生活中取得什么突破性进展的，更难以向更高的层次发展。歌德说过："人不是一出生就拥有一切的，他需要从学习中得到的一切来造就自己。"

聪明的犹太人很看重知识的价值。在犹太人看来，财富并不是最重要的东西，早上腰缠万贯，晚上就可能会一贫如洗，如此巨变他们也能安之若素。钱财可以被抢走和剥夺，唯有知识才是一旦拥有便永远不会失去的。要冲破阻碍，顽强地地生存下去，所赖唯有知识和智慧，这是犹太人深信不疑的真理。在他们看来：没有知识的人才真的是贫穷，拥有知识就拥有一切。

有这样一个故事：

一位学者和一群商人出海航行，商人们携带了很多货物。

商人们问学者："你带的货物是什么啊？"

"我的货物要比你们的贵重得多。"学者说。但令那群商人奇怪的是，他们翻遍了货船，也没有发现学者的货物。于是，他们开始嘲笑学者在说大话。

航行过程中，海盗劫持了货船，将商人的货物掳掠一空。

船终于靠了岸，商人们因货物被劫，困在了岸上。而学者则不同，由于他学识渊博，马上便受到港口居民的欢迎。于是，他便在当地开班授徒。不久，便在当地引起轰动，他不仅衣食无忧，而且出入都有大群弟子相随。

那些商人看到这一幕，终于明白了学者所说的"货物"的含义，感慨地说："请原谅我们的无知。我们明白了，知识才是最有价值的东西，有知识的人拥有无尽的财富。"

的确，知识的价值远远大于财富的价值。

人的所有知识都是通过学习得来的。一个人从甫一落地，就开始了自己的学习历程。从学会吃奶，到学会说话、走路、做事等，都是在向人类宝贵的文化遗产汲取营养。如果一个人不学习，他的身体可能会健康地成长，但他的心灵却得不到应有的滋润，更不用说会成为一个身心都健全的人了。知识对一个人来说，就像空气一样不可或缺。有一位名人曾说过："对生命来说，知识是必需品，如果没有知识，活着和死亡没有区别。"所以，知识比什么都重要，一个人知道得越多，他就越有力量。

知识可以陶冶一个人的情操，培养文雅和仁爱的品质。一个人心灵中的迷茫和黑暗，只能依靠知识来驱散。

一个人有多少知识，就有多少力量，知识和能力是成正比例的。解决相同的问题，在辅助条件都相同的情况下，一个具有丰富知识和经验的人，比一个知识贫乏或缺乏经验的人，更容易产生出奇思妙想和独到的见解，也更容易把事情既快速又漂亮地处

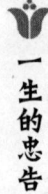

理好。

关于知识的价值,阐述得最好的是培根的一段名言:"读史使人明智,读诗使人聪慧,演算使人精密,哲理使人深刻,伦理学使人有修养,逻辑修辞使人善于思辨。"而这一切,对于你未来的人生之路是多么的重要啊!

亲爱的孩子,你一定要珍惜青春的大好时光,以学到更多的知识,为自己美好人生奠定坚实而牢固的基础!

第二辑

完善修养

勤以修身,俭以养德。

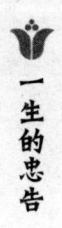

——第8封信——
修养完美的品德

> 毫无疑问，凡事力求完美的人，往往能够更加接近这个目标；相反，对于那些悲观绝望、懒散怠惰之人来说，想达到至善至美的境界简直就是痴人说梦。

亲爱的朋友：

无论在什么样的领域——宗教、仕途或是道德，至善至美都是人们极力追求的目标。并不是每个人都能实现这个目标，因为这需要付出极大的努力。毫无疑问，凡事力求完美的人，往往能够更加接近这个目标；相反，对于那些悲观绝望、懒散怠惰之人来说，想达到至善至美的境界简直就是痴人说梦。

日常生活同样如此。那些以尽善尽美为目标的人往往更接近完美，而那些意志消沉、懒散放纵的人常常愚蠢地自我安慰："世上没有一个人是完美的，所以想要达到完美的境界简直就是做梦。尽管如此，我还是会像其他人那样尽量做好，但是不会为了达到尽善尽美而自找烦恼。"相信这不需要我具体分析，你也看得出这番"推论"（如果我能用"推论"这个词的话）是多么荒谬、多么愚蠢。相信这番推理的人，在人生道路上往往不会表现得积极，自然也就难以施展自己的才干。

相反，一个充满智慧、有勇气的人则会说："尽管做到至善至美（人类的天性就有缺陷）相当困难，可我还是会一心一意、竭尽所能为这个目标努力。每天都接近它一点，总有一天会触及。至少，相信以我的能力，不会离这个目标距离太远。"

许多天性愚钝之人跟我说起你的时候，常常带着惊讶的口气："什么！你想让你儿子成为至善至美的人？"

我反问他："为什么不可以呢？这对他、对我都没有坏处啊。"

他们马上说道："可这是不可能的事啊！"

我回答道："我也不是很确信能够做到。我承认，抽象意义上的完美是很难实现，可是具体到品性的完美，我希望他能做到，而且这也是每个人力所能及的事。"

他们继续说："你儿子头脑聪明、性格善良、学识渊博，而且他每天都在进步，你还心存什么奢望呢？"

我回答道："为什么不呢？我希望他拥有最得体的举止，最迷人的谈吐和风度，浑身散发着优雅的气息，做事百分百地投入，以此不断完善他的品德。这对他的思维、本性和学问又有什么坏处呢？"

他们又说："可是，认识他的人都很喜欢他啊。"

我感激地说："很高兴听到你们这么说。不过我希望第一次见到他的人也能喜欢上他，并且在深入交往之后能更喜欢他。"

他们反驳道："其实，你没必要对这些没有意义的事情倾注这么多心力。"

我也反驳道："如果你认为这些是没有意义的琐事，那么你就太不了解人性了。我们应该更加关注这些细节。只有具备这些品质才能使你赢得人心，而在这方面仅靠理解力是很不够的。我

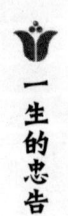

宁可他在语法、历史或哲学上没能让我满意，也不愿看到他的言谈举止有任何过失。"

"可是你要知道，他还年轻，以后总会越来越好的。"

"我也希望这样。可是年轻的时候不打好基础，将来怎么可能达到至善至美的境界呢？"

"好啦，好啦，他一定会做到的。你可以放一百个心。"

"我相信他能做好，可是我希望他做得更好。我现在对他很满意，不过我更希望他成为一个光彩夺目、出类拔萃之人，今后能以他为荣。"

"你见过这种集所有优点和才能于一身的人吗？"

"是的，我见过。博林布鲁克爵士就是这样的人。他身上集合了所有人的优点，既有廷臣的优雅得体、政治家的果敢坚决，也有学者的智慧渊博。正如你刚才说的，我的孩子也具备了许多品质，那么他为什么不能成为这样的人呢？没什么能够阻挡他成为至善至美之人，除非他毫不在意或者全不关心那些对他而言意义重大的'琐事'。我无法想像他会变成一个懒散庸俗或者意志消沉的人。"

实话告诉你吧，这是昨天我和海文女士关于你的一番对话，现在一字不落地转述给你，你可以自己判断。如果你认为我说得有理，就请付诸实施吧。下面我把上述对话作一番简要地概括：

无论你身处何方，请与各种上流社交圈保持来往，时刻注意观察他们的言行举止；模仿那些你认为在某些方面特别突出的人，然后把他们身上的优点和长处为己所用。如此，你就将臻于完美……

——第9封信——
品德的重要性

你的品德必须建立在牢固的基石上,否则它很快就会坍塌,甚至砸伤你的脑袋。/恶习短时间内是无法纠正过来的,还需要理性的指导。

亲爱的朋友:

你的求学生涯即将结束,你就要踏入社会,开创事业。这个马上就要来临的时刻对你非常关键,这一刻我已经期盼良久。成功的商人必须讲究诚实和礼貌。不讲诚信,就没有人光顾他的店铺;没有礼貌,就不会迎来回头客。这种规则与公平交易并不冲突。他可以在某个限度内尽可能卖个好价钱,也可以利用幽默感、奇思妙想和独特的品味吸引顾客,可是,前提是商品的质量要有保证,及其对顾客的承诺能够兑现;否则,一旦有欺骗行为,一次就足以使其破产。

上流社会和职场概莫能外。如果没能牢固地确立起诚实和正直的品质,缺乏良好的举止和美德,那么在初次踏入社会的时候,就会因受到轻蔑而黯然失色,就会像流星那样短暂地划过天空。对于年轻人因为鲁莽而犯下的过失,人们往往给予谅解;可是,对于年轻人的品性,哪怕是白璧微瑕,他们都无法容忍。品性绝不会随着年龄的增长自动完善,我担心它甚至还可能会变得

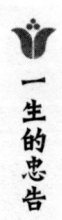

更加糟糕。年轻的撒谎者说起谎来会更加老练，年轻的流氓则会变得更加无耻。然而，尽管年轻人的品性还不够完善，欠缺之处甚多，可是如果他头脑清醒，人也比较机灵的话（顺便提一句，这种情况很罕见），那么随着年龄的增长，他就会逐渐意识到以前所犯下的过失，并因此而产生强烈的负罪感。于是我虔心向上帝祷告，祈求上帝让你具备完善的品德。可是，仅是这样还不够，必须拥有一些讨人喜爱的品质来衬托出你的德行，并且利用这些品质为你树立良好的口碑。你的品德必须建立在牢固的基石上，否则它很快就会坍塌，甚至砸伤你的脑袋。因此，在一开始塑造自己的品格时就要非常小心谨慎、细致入微；不要为大多数坏蛋、蠢人的偏见所惑，由此玷污自己的德行，令自己蒙羞。尽管你还能年轻，可还是应该严于律己；只有在年轻时严谨、自律，才能培养佳德。所有这一切都与品德上的缺陷相关，比如撒谎、欺骗、妒嫉、怨恨、诽谤等。处在你这样的年纪，若是宣称反对良好的品德，比如，对勇敢不屑一顾，时常大吃大喝，行事散漫，那会令你从道德的边缘堕落到罪恶的深渊。因此，你必须洁身自好，尽量远离这些恶习。恶习短时间内是无法纠正过来的，还需要理性的指导。倘若一个人在各方面都保持纯洁的品性，那么他就可以免受其影响……

看在上帝的份上，在你独自到巴黎游历之前，请一定要仔细考虑我所说的每一件事情。与人交往的时候仔细观察不同的品性，记住我在这方面对你的教导，然后镇定自若地和形形色色的人周旋应付。你应该为自己以后的发展早作规划，并且通过细心的观察不断扩展、改进、充实你的计划，还得乐于接受那些能够给你正确指导的人——哈特先生和我——的建议。

——第10封信——
良好教育的重要性

有时候，天赋异秉的人确实不需要接受任何教育就能取得骄人的成绩。可是这种例子实在稀有，所以人们也不大会相信。

亲爱的孩子：

无论是从你那里还是哈特先生那，我都没有收到你说起的那三封信。也许是路上出了什么意外，毕竟这里距离莱比锡太远了。最近一直没有收到你的来信，我想你现在一定过得不错。此外，正如我常跟你提及的，我更关心的是你事情完成得怎么样，而不是你生活如何；在没有收到你来信的这段日子里，我估计你正忙着做什么有意义的事情。

如果你的生活仍然是有规律、有节制的，那么你的身体就会很健康。你这样的年龄，大自然给了你强健的体魄，即使你一边放纵自己，一边服用药物，它还是会继续关爱你并给你健康。然而，你绝不可纵容自己的脑子。它现在正需要你加以持久、充分的关心，还需要适度的用药。现在，你用脑哪怕只是一刻钟，不论正确与否，它都会产生深远的影响。脑子还需要进行大量的锻炼，才能保持健康而有活力的状态。

请你仔细观察两种头脑（受过良好教育的和未受过任何教育

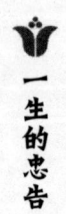

的）之间的区别。我相信，经过比较，你肯定希望自己也能拥有一颗受过良好教育的头脑，哪怕为之吃再多的苦、花再多的时间。或许，马车夫跟弥尔顿、洛克或牛顿一样，生来就拥有健全的头脑；可是，弥尔顿他们接受了良好的教育，取得的成就远超马车夫，而马车夫只能一辈子待在马背上。有时候，天赋异秉的人确实不需要接受任何教育就可以取得骄人的成绩。可是这种例子非常稀有，所以人们也不大会相信。更何况，如果这些天才受过良好的教育，肯定会取得更大的成就。假如莎士比亚的天赋能够加以完善，他的剧作中或许就不会出现那么多的废话，其中为人称道的对话就会愈加精彩了。

　　通常来说，处于15—25岁这个年龄段的年轻人，教育和社会交往能够完善他们的品性。今后的八九年时间将是你的黄金岁月，你的未来成就如何，将取决于这段宝贵的时间，所以你一定要善加利用。我相信你会成为一名优秀的学者，掌握各种丰富的知识。可我也很担心你会忽略那些细小却又异常重要的素质，我指的是温文尔雅的举止、令人心怡的谈吐和委婉得体的行为。这些都是很实在的优点，只有那些不懂人情世故的人才会对它们表示不屑。我听说你现在说话很快，而且表意不清。我已经提过无数次了，你一定要注意改变这种不体面又让人讨厌的说话方式。表意清楚、悦人耳目的谈吐将使你的形象增色不少。再见！

——第11封信——
宗教和德行

因为即使把道德品性置于首位，宗教信仰次之，那么道德品性依然需要宗教信仰作为保证：没有宗教信仰，道德品性就不足为信。

亲爱的孩子：

我几乎从未在信中同你讨论过宗教和道德方面的问题。因为我相信你能理智地看待这二者，并且在生活中深入地理解它们。如果你在这两方面需要有人在理论和实践方面给你指导，那么就去找哈特先生吧。为了你，也为了哈特先生，我将在这封信中说一说宗教的严肃性与道德的纯洁性，以及维护它们的必要性。

我所说的维持宗教的庄严和肃穆，并不是希望你的言谈举止像传教士或宗教狂热分子那样，或者去同那些攻击你宗教信仰的人争吵。在你这个年龄不适合这么做，即使做了也毫无用处。我只希望你绝不要支持、鼓励或赞同那些自由主义者的观点。那只是一知半解的知识分子和不入流小哲学家们的陈旧观念，事实上这种自由主义思想意在攻击和否定宗教。即便是最愚蠢的人，也不会被他们的言论所左右，相反还会因此憎恶他们的人品。因为即使把道德品性置于首位，宗教信仰次之，那么道德品性依然需要宗教信仰作为保证：没有宗教信仰，道德品性就不足为信。

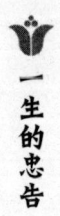

无论何时,当你碰巧遇到那些貌似有才或者思想贫乏的自由主义者(他们为显示自己的智慧,嘲笑所有宗教,或者为放纵自己的情欲,而否定所有宗教),千万不要跟他们走得太近,也不要附和他们的观点。相反,你要以沉默和严肃来表达你的不满和厌恶,拒绝与之讨论任何宗教问题,避免毫无意义的、有伤体面的争辩。牢记这条真理:没有宗教信仰的人不会受人尊重,也没人会信任他。即使他宣称自己是智者、自由主义者或道德哲学家,也不过是虚有其表罢了。而聪明的无神论者,为了保护自己的利益和人格不受侵犯,也会假装向某种宗教投诚。

你的德行不仅要纯洁,而且还应像恺撒的妻子那样无可挑剔。德行上即使是最小的污点或瑕疵都是致命的,容易引起人们对你的轻视和厌恶,没什么比这更使你自贬身价了。然而,这个世上还是存在着这样一些可悲的人,他们生活放荡,成天沉溺于声色犬马之中,对所有伦理道德都表示不屑,声称自己是"地方主义者",只需要遵守各自的"风俗习惯"。不止这些,他们还有更多无法理喻的卑行劣迹。他们鼓吹、传播连自己都不相信的荒谬言论,这种人简直就是撒旦。你要尽量避免同他们打交道,跟他们说话随时有可能让你背上耻辱和恶名。若是不巧遇到这种人,那么千万小心谨慎,不要试图迎合或者支持他们的观点。另一方面,不要参与敏感的话题讨论,更不要与他们辩论。你只需告诉那些所谓的"传道者"(你心里清楚其实他们并不是),他们的观点主张并不那么严谨,你有比他们更清晰、正确的观点和想法。其实,他们自己是不会践行那套"观点学说"的。总之你要记住,以后对这种人要敬而远之。

德行在人际交往中显得如此微妙,你必须时刻保持其纯洁。

假如你被人怀疑处事不公、心肠恶毒、缺乏诚信……那么即使你学识再渊博、才华再横溢也无法赢得别人的尊重和友谊。有时候，在某些特殊情况下，道德败坏的人也能够窃取较高的社会地位；可是就像在街上示众的罪犯，所处的位置越是醒目，他的劣迹和罪行就越是彰显，也愈发受他人厌恶和唾弃。

如果说一个人的品性中有什么缺点可以原谅，那就是虚假和卖弄。

虽然如此，我可不希望你时常炫耀自己的美德。你要小心谨慎地爱惜自己的名誉，不说有辱品性的话，也不做有辱人格的事。无论在什么场合，都要表明你对美德的支持，绝不能玷污美德。你一定听说过查特斯上校这个人（我相信他是这个世上最臭名昭著的流氓，为敛财，无恶不作），他相当了解不良品性对人的负面影响。我曾听他说过，在他放荡、无耻的行为中，他绝不会为美德掏1分钱，却愿意为品性付出1万英镑，因为他可以从中获利10万英镑。然而，他却受到人们的诅咒，以至于再也没有机会行骗。你看，一个如此狡诈的坏蛋都愿意出高价购买品性，一个讲诚信的人又岂能漠视品性？

之前我提到过一种劣习，也就是撒谎。有时候，即便是那些受过良好教育、有自己处事原则的人也会偶尔撒谎，可能是出于卖弄计谋、耍小聪明或者自我防卫。与其他恶习相比，撒谎除了更令人蒙羞，还会造成不可估量的损失。人们常常为了掩盖一个谎言，而不得不编造更多的谎言。它是人们卑微精神的唯一避难所。在某些场合掩盖真相是为人谨慎和善意的体现，可是不分场合的撒谎则是愚蠢卑劣的行为。

就以你现在任职的部门为例。假使你出访某个国家，而该国

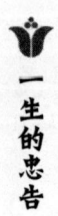

的人臣竟然问你此行真实目的是什么。这么问当然很不合外交礼仪。那么，难道你应该对他撒谎吗？一旦谎言被揭穿（谎言一定会被揭穿），就会使你的名誉受损，使你的品性蒙垢，使你一无是处，所以你当然不会这么做。那么，你是否会坦诚相告，愧对国家对你的信任？你当然也不能这么做。你可以斩钉截铁地回答他，说你为这样的问题而感到无比惊讶，而且相信他并非真的想知道答案。无论如何，他都不可能得到最终的答案。这样的回答能让他对你产生信任感，认为你很坦诚，这样的印象对你今后的发展非常有利。可如果你跟他虚与委蛇，就会被他视为骗子，他不会对你产生任何信任感，更不愿与你继续交往。如此一来，你就会惶惶不可终日，今后也难过上光明磊落的生活，只能一辈子背上骗子的恶名。

纯洁的德行（我热切地向你推荐）和严肃的刻板（我决不会向你推荐）之间差别很大。像你这样大的人，不仅要谋求事业，还要懂得享受快乐。尽情享受现在多姿多彩的生活，与同龄人一起寻找快乐吧！你应该这么做，事实上你也只能这么做，在寻找快乐的过程中，千万不要玷污你的德行。年轻人喜欢通过无所顾忌的放纵使自己显得特立独行，这显然是不正确的。他们的行为就像黑暗中发出的腐朽之光。没有纯洁的德行，就不可能拥有高贵的品质；没有高贵的品质，就不可能在社会上取得让人尊敬的地位。如果你想赢得他人的尊重，自己首先得表现得高尚、值得尊敬。我知道有些人其实并没有沉溺于放纵，可是却受到人们的指责，他们的美德因而变得暗淡无光，他们的主张无人接纳，他们的观点备受争议。

培根先生很明确地提出过伪装和掩饰的区别，但他认为，一个借助伪装和掩饰的政客是软弱的，一个有头脑、有能力的人绝对不会使用这两种伎俩。他还认为，有能力的人处理事情十分坦率、真诚，就像训练有素的马，知道什么时候奔跑，什么时候停住。有时候，培根认为掩饰是必要的，可是他不赞成用伪装来破坏自己一贯的良好声誉，显然培根先生对前者显得更为宽容。

自编的谎言常常让一些人无法自拔，他们认为这种谎言是无罪的。

从某种程度上说确实如此，因为除了说谎者本人以外，它不会伤害到任何人。这种谎言是虚荣心的产物，会引发一系列愚蠢的事情。这种人终日生活在自己的幻想中，他们可以看到根本不存在的事物，还可以看到从未见过（它们确实存在）却值得一见的事物。无论何时何地，一旦有什么风吹草动，他们马上就声称自己是见证人。他们这么做无非是想炫耀自己，当然别人也不会信以为真。他们是自己编织的故事中的主角，从中得到安慰，或者至少借机让别人注意自己。然而，事实上，他们只会受到人们的奚落、蔑视以及极大的不信任，因为人们很容易得出这样的结论：一个由于空虚无聊而撒谎的人，将会为了自身利益而毫无忌惮地进行更大的欺骗。要是我看到过什么神奇的、令人难以置信的事物，我只会将其默默地埋藏在心底，而不会到处宣扬，以免他们不相信我的话，进而怀疑我的诚信。众所周知，贞洁对于女性而言并非不可或缺，可是，诚信对男人而言却必不可少。即使女性没有严守贞洁，她依然可以是品性善良的人；可男人若是丧失了诚信，就不可能成为有德行的人。一些可怜的女性有时候仅仅因为意志不够坚定而失节，可是说谎成性的男人无论在精神上还是内心里都有缺陷。看在上帝的份上，你一定要小心谨慎地保持道德品性的纯洁，使其完美无瑕，挑不出一点缺陷。如果你的道德品性无可挑剔，那么任何试图对你的诽谤和中伤都无济于事。所以，你应该洁身自好，保持德行的纯洁。若是满足于平庸，那么你将一无所有。若是你想赶超优秀的人，就得保持纯洁的德行和文雅的举止。再见！

―― 第12封信 ――

社会是一所大学

在君主制国家里,主要的教育机构并不是各类学校或研究所,而是社会。只有当一个人步入社会后,教育才在某种程度上开始。

亲爱的朋友:

孟德斯鸠(你会在巴黎见到他)在他的著作《论法的精神》中,首先阐述了民主制、君主制和独裁制这三种不同的政治制度的本质和组织原则,然后谈及在三种政治制度下分别应该采用的教育方式。其中"君主制下的教育方式"这一章节,我认为对你非常有帮助。于是我把它抄录下来,随信寄给你,以便你细细品味。从中,你会看到孟德斯鸠眼中的法国君主制。

"在君主制国家里,主要的教育机构并不是各类学校或研究所,而是社会。只有当一个人步入社会后,教育才在某种程度上开始。社会是个荣誉的大学堂,无时无刻不在指引我们前进。

"在那里,我们始终能听到三种格言,即我们的品德应该高尚,待人应该坦诚,举止应该优雅。

"在那里,我们见到的品德,常常是关于我们对自己所该承担的义务,而对其他人所负的义务则较少。这些品德与其说是鼓励我们去亲近同胞,不如说是让我们在同胞中更加独树一帜。

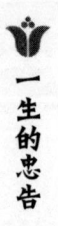

"在那里，判断某个人行为的标准不是好与坏，而是美与丑；不是公道与否，而是伟大与否；不是合理与否，而是平凡与否。

"在为人处世方面，君主制国家的教育相对而言有几分坦诚。所以讲话应当体现一种真诚。是不是因为人们喜欢真诚呢？绝对不是。人们之所以欢迎真诚，是因为不习惯说真话的人那种大胆而自由的精神风貌。说实话，这样的人对事物有独到的见解，而不是一味地附和盲从。

"人们越是倡导这种贵族的坦诚，就越轻视平民的坦诚。因为平民的坦诚，目的只不过是真实与朴实罢了。

"荣誉允许男人打着爱情或征服的旗帜讨好女人。这就是为什么君主制国家的习俗永远不如共和国的习俗那般纯洁的真正原因。

"荣誉允许人们在崇高的精神或伟大的事业中运用权术。比如，在政治上运用欺诈并不损及荣誉。

"荣誉并不禁止为了谋求富贵而阿谀奉承。但如果不是为了求取富贵，而是因为在情感上认为自己卑微，所以才阿谀奉承，那么荣誉绝不允许阿谀奉承。

"最后一点，君主制国家的教育要求人们行为举止必须符合礼仪。人们生来就过着群居生活，所以在生活上要互相愉悦。那些不遵循礼节之人，就会得罪所有与其交往的人，就得不到社会对他的尊重，最终将以失败收场。

"但礼节的来源一般说来并不单纯。它源于人们出人头地的野心。我们之所以有礼貌是因为我们有自尊心。我们通过仪表来表明我们并不卑微，证明自己从没与宵小来往，这让我们感到自得。

"宫廷中讲求仪表，目的在于舍弃真实的尊严，换取虚伪的尊严。廷臣们喜欢伪饰胜于真实，虚伪的尊严表面上表现为某种谦虚而事实上带着傲气。但是，伪饰是廷臣显得高贵的源泉，没有了伪饰，也就在不知不觉中舍弃了高贵。"

"以上均是教育的目的。教育便是要培养所谓的谦谦君子，也就是具有此种政体所需要的所有特质和品德之人。

"在君主制国家里，没有不为荣誉所侵蚀的地方。它已侵蚀到人们各种各样的观念和思想中，甚至开始成为指导人们生活的原则。

"这个奇特的荣誉依一己之见规定什么是品德。它要求我们做的一切都以它自己的原则为准绳。它依照自己的好恶扩展或制约我们的责任，而不管这些责任是源自宗教、政治或道德。

"荣誉对贵族而言，莫过于替君主打仗。说实在的，这正是贵族身份的优越性。因为替君主打仗，不管碰到危险、成功或失败，都可获得荣耀。但是，荣誉既然给贵族规定了这种责任，它的执行就要以荣誉为标准。若有人损害了荣誉，就会被清出场。

"荣誉要求人们可以自由寻找或拒绝某种职业，这种自由比财富更可贵。

"荣誉有其自身最高法则，教育必须适应这一法则。

"第一，荣誉完全允许我们珍视自己的财富，但绝对不允许我们吝惜自己的性命。

"第二，一旦我们获得某种社会地位，那么所有令我们看起来与那种地位不符合的事情都应该拒绝去做，也不能允许别人去做。

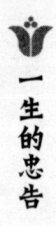

"第三，荣誉的禁令比法律的禁令更为严格，荣誉要求的义务比法律规定的义务更让人无法拒绝。"

尽管我们的政治制度与法国大相径庭，我国有固定的法律和宪法来保障公民的自由和财产，但是就孟德斯鸠看来，英法两国委实有许多相似之处。尽管各国的君主政体存在很大差别，可是各国的君王却没什么两样，各国的宫廷礼仪和生活也大致相仿——奢侈糜烂和浪费无度。前者使人变得好逸恶劳，后者让人陷于困窘贫乏——结果都会引发人民的反抗。这里的社会就像巴黎的朝廷，一个人不可能比了解朝廷更了解社会。在各国的朝廷里，你肯定会同某些人打交道，但你们之间不可能建立友情；你会结下仇家，但你们并不互相憎恨；你会为自己赢得荣誉，但不是凭借自身的美德；文雅的行为背后隐藏着邪恶的品质，所有的恶习和美德都被掩盖起来，以至于你在朝廷初见它们时根本无法辨别。在去法国之前最好先打开法国地图，这会使你在这个国家旅行的时候多一些安全感。

如上所述，一个结论就摆在你的面前：你现在正步入一个伟大而重要的学校——社会。与之相比，威斯敏斯特和莱比锡只是初级的预备学校。你目前所掌握的知识仅仅够你升入中学。

因此，请你投入极大的热忱，仔细观察和模仿最优秀学者的一举一动，直到你羽翼丰满，能够翱翔为止。再见！

——第13封信——
野心和贪婪不可有

贪婪是一种吝啬、卑劣的习气，我从没听说一个守财奴会拥有某种突出的品质。野心同样也是一种恶习，只不过是绅士独有的恶习。/我希望你对将来的职业有点野心，能够超越所有人，成为万众瞩目的人，否则，你将一无是处。

亲爱的孩子：

听说你最近在着手创作写有关野心和贪婪的文章，表明你赞赏野心、鄙视贪婪的立场。我很高兴你对野心有此见识，可是这两者并不具有可比性。贪婪是一种吝啬、卑劣的习气，我从没听说一个守财奴会拥有某种突出的品质。野心同样也是一种恶习，只不过它是绅士独有的恶习。

然而，并不是所有的野心都应该受到指责，有的野心也值得称颂，这要视它们的追求目标而定。暴君和征服者为了满足自己的野心，任意破坏这个世界，随意践踏人类的权利，使得民不聊生，他们是这世上最邪恶、最危险的罪犯。还有一种有野心的人，他们想方设法要超越他人，不论是美德还是善事，都力求做到完美。这种野心非但无须指责，而且还相当有益，能够使人不断地获得提升。

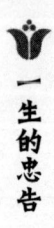

或许你也有自己小小的野心。记得我像你这么大的时候，曾踌躇满志地想要超越同时代所有杰出的人物。于是，我不知疲倦地学习，希望在学识上超过他们；看到别人比我更精于玩乐，就改善自己的方式；每当看到他们的舞姿、走姿或坐姿比我优雅，我就浑身不自在。请一定不要忽略这些小事，它们在社交生活中比你想像的更为重要，尤其在你今后的工作中，学会在公众场合演讲非常重要。

　　你知道我对你的期待。我希望你对将来的职业有点野心，能够超越所有人，成为万众瞩目的人，否则，你将一无是处。我希望你具备一流的口才，不论在公众集会上演讲，还是一般的私人谈话都能游刃有余。西塞罗野心勃勃地把雄辩当做自己毕生追求的主要目标，并且声称雄辩是人类区别于动物最主要的特征。它不仅能为演说者带来无尽的快乐，而且还能产生一定的社会效益。哦！对诚实的人来说，演讲的时候发现台下专心倾听的听众最终被自己说服，那将是多么快乐的享受啊！

　　随寄两个版本的西塞罗文集——里面有他对各种问题的看法，其一是拉丁文版，另一是法语版，你可以借助法语版对照着阅读拉丁文版。其中，关于雄辩的论述，我特别作了标示，请你细加品味。

——第14封信——
警惕虚荣心和自恋

虚荣心和自恋是人类固有的本性，而且就其现状而言有存在的合理性。我们没法把它们消灭或根除，只能将其限制在一定范围内——这是我们力所能及的事。

亲爱的小男孩：

很多人喜欢在别人面前吹嘘自己，我希望你永远都不要染上这种坏习性。并且，你还要尽可能地避开它。无论你是在人前夸耀自己，还是谴责自己，都不会给听者带来任何情绪的波动，因为很明显，这两者都出自同一个目的——虚荣心。

我讨厌一个人老拿自己说事，除非他是在法庭上为自己申辩或者为他人提供证词。不管自我肯定有多么公正，难道就有必要反复强调吗？这很不应该！当那些人把自己视作故事中的英雄而大肆褒奖的时候，听众其实简直如坠云雾之中，根本就不知所云，难免会对他们产生厌恶感。那么是否应该自我谴责？也不必如此！其实自我谴责也完全是虚荣心作祟，其动机和自我夸耀如出一辙。

你千万要警惕虚荣心和自恋设下的各种圈套，避免它们带给你的不利影响。虚荣心和自恋是人类固有的本性，而且就其现状而言有存在的合理性。我们没法把它们消灭或根除，只能将其限制在一定范围内——这是我们力所能及的事。在这种情况下，对其稍作掩饰就显得很有必要。比如，表面上看起来谦虚有加的英雄或爱国者更受人们的欢迎和喜爱，而且还有助于表现其他的美德。请注意，我用了"表面上"这个词，只要表面上稍加掩饰，就能获得与自我吹嘘完全相反的效果。虚荣心之所以令人厌恶，是因为每个人都不能免俗。有句俗语说得好，两个商人不可能成为朋友，而两个虚荣心极强的人更不可能互相产生好感。因此，与人交往的时候，切记不要自我夸耀或是自我谴责，让你的品质自己说话。不管它们"说"什么，人们都会相信；可如果你越俎代庖，即便说得再多，人们都不会相信，反而因此给人留下饶舌、厌恶甚至荒谬的印象。

——第15封信——
浮夸与胆怯

　　那些认为不可能取悦他人的人，自然不会被人喜欢；那些自信能博取所有人好感的人，是夸夸其谈之人，也不会被人喜欢；唯有那些希望并尽力取悦他人的人，最后才能得到人们的喜爱。

亲爱的朋友：

假如给嘲讽一个合法、正当的对象，那么肯定就是夸夸其谈之人——他们似乎专为窃取人类正当的权利而来。在此，我要向你指出一些防范措施。

具备一定的才能，自以为风趣幽默，极度的自以为是，这些构成了夸夸其谈之人的本质。据我所知，最擅长夸夸其谈之人往往也是最风趣幽默之人，可是，他的风趣中时常流露出傲慢和自大。他总是篡夺"帝国的宝座"，排挤通情达理之人，在所有社交圈中抢着出风头。于是，这些人自然就成了嘲讽的对象。可是，你还要注意嘲讽的技巧，否则反会遭到他们的嘲笑。对付这种人最好的办法就是放任他们为所欲为，自生自灭。

另一方面，还有一种人（可能比夸夸其谈之人更多）因为胆怯和腼腆而自我贬低。胆怯意味着愚蠢，这种人缺乏跟上流人士交往的经验。阿狄森先生是我在上流社交圈见过的最胆怯、最腼

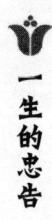

腼的人，这一点都不奇怪，因为25岁以前他一直在牛津的修道院生活，与世隔绝。

　　我希望你头脑冷静、无所畏惧、胸襟开阔，绝不鲁莽、无礼。胆怯、笨拙之人不习惯跟上流人士交往，所以表现出来的怯懦常常令人发笑，或者干脆走极端——无视礼节、放肆粗鲁。我认识许多害羞又无礼的人，他们尽力让自己看起来通情达理，举止从容得体。一个十分胆怯、害羞的人会受到周围人的排挤，也难以博得上司的青睐。他根本不知道自己在说什么做什么，时常激动得手舞足蹈、神情亢奋。

　　你要极力克制自己，保持冷静和沉稳，尽量避免这些极端的行为。与国王对话时，就像跟同辈谈话一样轻松自然，无须太多顾忌（当然适度的尊敬是必需的）。这是真正的绅士和深谙处世之道之人的显著特征。而要学会这种举止的方法（我以前也告诉过你），就是与比你优秀之人和贵妇人交往，绝不要为了摆脱良好教养的束缚，而混迹于一帮素质极差的年轻人中间。我承认，一开始这确实相当困难，但并非不可能实现。年轻人刚踏入社会，当他第一次进入所谓的上流社交圈，肯定不适应它的规则和方式，心理上难免会紧张不安，行动上难免显得尴尬笨拙，总觉得所有人都在盯着他，要是碰巧有人放声大笑，就认为他们是在嘲笑自己。这种笨拙的表现不应该受到责备，因为年轻人通常缺乏适度的自信，缺乏上流社会所需要的言行得体。就让他保持这种适度的腼腆，他会慢慢发现所有善良、有教养之人不仅不会嘲笑他，反而会帮助他融入社交圈，而且其自身细心的观察也能教会他如何适应社会。下等社交圈中充斥着庸俗的打趣、逗乐，他们时常嘲笑、刁难新来的年轻人，就像他们所说的"迷惑"腼腆、真诚的年轻人。

　　那些认为不可能取悦他人的人，自然不会被人喜欢；那些自信能博取所有人好感的人，是夸夸其谈之人，也不会被人喜欢；唯有那些希望并尽力取悦他人的人，最后才能得到人们的喜爱。

——第16封信——
切勿傲慢自大

人性中的虚荣和骄傲如此顽固,以至于许多人不惜为之自贬身价。我们经常看到许多沽名钓誉的人,即使他们说的话都真实可信(这种情况很少见),也不可能得到人们的赞赏。

亲爱的朋友:

之前我曾经说过,骄傲和虚荣是人的本能。现在我举几个具体的例子,以便加深你的印象。

有些人总是不加掩饰地炫耀自己,这种行为十分粗鄙,真可谓厚颜无耻之极!还有些人说得比较含蓄,不那么露骨。他们伪造别人对自己的指控,抱怨连自己都没听过的诽谤,向他人展现各种美德,为自己申冤辩解。他们声称这么谈论自己确实有点奇怪,他们自己也不喜欢这么做,而且以前也从没这么做过。不!他们不应该被强加任何痛苦和折磨,不该受到不公正的、残暴的指控。可是,在这种情况下,双方都坚信正义站在自己一方。当我们的人品受到攻击时,就会堂而皇之地维护正义,其他则什么都不说。虚荣被遮在谦虚的面纱之下,可是这层薄纱过于透明,那点可笑的伎俩只会让他的虚荣欲盖弥彰。

另一些人掩饰得更加谨慎(他们自己是这么想的),可是在我看来，仍然显得荒唐可笑。他们承认自己拥有所有伟大的美德（说这话的时候一点都不含糊，也不觉得羞耻），可是往往先把这些美德贬为缺点，然后再把自己的不幸归咎于这些缺点。他们不会眼看着别人受苦而不去同情、帮助他们；也不会眼看着别人有难而不伸出援手；尽管可能由于自身的条件太差而无法做到，但他们不得不说出实情。总之，正因为这些缺点，他们知道自己并不适合在这个世上生存，更不用说过得很好了。可是他们现在年纪太大不宜改变，因此只好勉为其难地苦度时日。这些听起来如此荒谬，可是请相信我，你将会在人生的舞台上经常见到这些面孔。顺便提一句，你还会遇到一些生性狂放之人，即使是莎士比亚，也无法刻画出他们真实的色彩。

人性中的虚荣和骄傲如此顽固，以至于许多人不惜为之自贬身价。我们经常看到许多沽名钓誉的人，即使他们说的话都真实可信（这种情况很少见），也不可能得到人们的赞赏。比如，有个送信的人声称，自己骑马只用了6小时就跑完100英里。他很可能是在撒谎，即便没有撒谎，那又能说明什么呢？最多表明他是个优秀的邮递员罢了。还有个人声称，甚至还为此发誓赌咒，自己一口气喝掉七八瓶酒。出于善意，我宁愿当他在说谎。否则，我只能把他看成禽兽。

凡此种种，都是愚蠢至极之事。虚荣心驱使人们犯傻，可结果往往事与愿违。

正如沃勒先生所说的：他越想从你那获得赞赏，你就越要鄙视他。

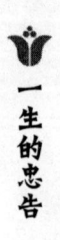

——第17封信——

善加利用虚荣心

刚开始踏入社会的时候，我急切地想得到人们的赞美和喜爱，对社会名望充满着极度的渴求。在这种虚荣心的驱使下，我变得"贪得无厌"，而且还做过不少傻事，可是，换个角度看，我也在虚荣心的指导下做过很多明智的事情。

亲爱的朋友：

虚荣心（我更愿意用更美妙的名字称呼它，譬如对赞美和喜爱的渴望）可能是指导人类行为最普遍的原则。我不敢说它是最好、最有效的原则，因为有时候虚荣心也会产生负面效应，诱使人们做出蠢事，甚至侵犯法律。然而，更多的时候虚荣心能够指导人们正确行事。尽管就人的本性而言，我们应该表现得更加明智，可是考虑到虚荣心带来的积极影响，我们也应该倡导并珍惜它。若是缺乏对赞美和喜爱的渴望，我们就会斗志全无、懒散懈怠、无精打采、不愿全力以赴，最终将一事无成。虚荣心极强的人总能不断进取，最终得偿所愿，在这点上，我们确实应该以他们为榜样。

既然已经打开了话匣子，那么再跟你说说我自己的虚荣心也无妨。

我承认自己也有虚荣心，如果它是缺点，那么我就身背这么一个缺点，但我丝毫不以为耻，反而引以为荣。如果说我有幸能成就一番事业，那也是多亏了虚荣心的有效帮助。刚开始踏入社会的时候，我急切地想得到人们的赞美和喜爱，对社会名望充满着极度的渴求。在这种虚荣心的驱使下，我变得"贪得无厌"，而且还做过不少傻事，可是，换个角度看，我也在虚荣心的指导下做过很多明智的事情。比如，有时候我很看不惯甚至很鄙视某些人的作风，根本不想跟他们打交道，可是为了满足自己的虚荣心，渴望得到所有人的喜爱，我也会对他们彬彬有礼，给予适度的关心。不管在什么场合，我都非常讲究穿着打扮，而且对谈吐文雅极为注意。当察觉到周围有人对我产生好感的时候，我就欣喜若狂，兴奋得难以言表。跟男人交谈，我总是尽力凸显自己各方面的才能和学识；与女士聊天，我就极尽恭维之能事，对她们大献殷勤，甚至表达爱慕。此外，再向你透露一个小秘密：虚荣心令我想方设法追求女性，渴望得到她们的爱。与男人交往的时候，我总是尽可能让自己显得与众不同，即使与杰出人士相比也毫不逊色。这种渴望激发了我的潜能，若是我没法成为卓尔不群的第一人，也要做第二或第三人。正因为如此，我很快跻身上流社会；而你一旦身处这样的群体，那么你的所作所为总是明智的。当我发现自己也成为时尚人士并且树立了良好的声誉时，我无比欣喜。我参加各种娱乐活动，与男男女女一起享受欢乐。这使我结识了许多上流社会的贵妇人，赢得了她们的青睐；不管这种荣誉是好是坏，可它确实为我带来不少好处。为了取悦所有人，我就像海神波塞冬一样，能够根据不同的交往对象进行变形：在尽情享乐的人中间，我就比他们更会逗乐；在古板严肃的

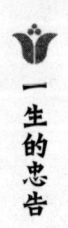

人中间，我会比他们更正襟危坐。与人交往时，我绝不疏忽最基本的社交礼仪，时常向他们示好，以博取他们好感。因此，我很快就和当地所有的大人物和时尚人士熟识起来，并且受到他们的热烈欢迎。

我之所以取得如此大的成功，很大程度上得感谢这种虚荣心（哲学家称之为"卑劣的心理"）的指引。我盼望你身上也有这种强烈的渴求，可是你在这方面的表现还欠些火候。你看上去无精打采，对于赢得人们的好感并不感兴趣。像你这样的年轻人不应该如此懒散、懈怠，这是很不应该的；只有像我们这样的老头子才允许出现这种状况。有这么一句老话："做事应当全力以赴。"虽然陈旧了些，可是却包含了真理。不管身在何方，你都要尽可能地取悦他人，展现自己的才华。巴黎有许多时尚人士，你一定要时刻留意他们的言行举止，尽可能赢得他们的好感。希望你能以这种虚荣心为指导原则，而且我向你保证，最终你会获益良多。为了赢得人们的赞赏和女性的爱慕，你要想尽一切办法讨好、取悦他们，就像风月女子一般深谙谄媚的各种技巧。我可以毫不夸张地说，这是可以帮助你在这个世上迅速出人头地的最有效的方法……再见！

——第18封信——
谎言与诚信

没有什么比说谎更可恶、更卑劣、更荒谬的了，它源于人们的憎恨、怯懦或虚荣心。在实际生活中，说谎者通常无法如愿，因为谎言总有一天会被人戳穿。

亲爱的孩子：

你9月8日寄来的信件我终于收到了。在信中，你对于埃斯德勒地区天主教徒疯狂的迷信以及礼拜堂里荒唐可笑的故事感到无比惊讶，对此我毫不奇怪。但是你要切记，不管别人犯了多大的错误，只要不是存心的，我们就不该惩罚或嘲笑他，反而应该给予同情。因为丧失判断力就跟失明一样可怜，这样的人既不可笑也没有什么罪过。我们应该本着仁慈的心尽可能公正地对待他，而不是惩罚或嘲笑他的不幸。每个人行事都应该以理性为向导，我希望大家都能像我一样理智行事。所有人都在寻求真理，可是只有上帝知道究竟谁最终找到了真理。因此，不经过大脑思考、一时鲁莽冲动去迫害或嘲笑他人，都是极其不公正、极为荒谬的行为。说谎、欺诈之人才真正有罪，而天真地轻信谎言者则是清白无辜的，无可指摘。

没有什么比说谎更可恶、更卑劣、更荒谬的了，它源于人们的憎恨、怯懦或虚荣心。在实际生活中，说谎者通常无法如愿，

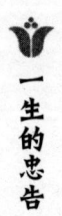

因为谎言总有一天会被人戳穿。如果我为了攻击某人的财富或品性，编造了一个恶意的谎言，或许在某个时期确实会伤害到他，可是到头来最大的受害人必定是我自己。因为一旦谎言被证明为谎言（这是必然的），我将成为众矢之的，再怎么辩解都于事无补。如果我为自己说过的话或做过的事开脱而撒谎或含糊其辞（这两者其实是一回事），我马上就发现自己处于惊恐当中，觉得自己是最无能、最卑劣之人。我敢肯定人们也会这么看待我。恐惧并不能消除危险，反而会带来危险，因为隐藏着的胆小鬼会攻击、侮辱有名望的人。假如不幸说了谎，那么勇于承认错误是高尚的做法，也是唯一能够弥补过失、取得他人原谅的方法。为了消除眼前的危险或麻烦而含糊其辞、支支吾吾的人，其言行相当卑劣，也暴露出他的内心的胆怯，这种人往往无法得到人们的原谅。

还有一种谎言，尽管不会伤害他人，可也是极其荒谬滑稽的。我指的是那些受错误的虚荣心驱使，想要达到某种目的，最终不可避免地遭到羞辱的谎言。这种谎言通过叙述和描绘，目的是为说谎者带来无尽的荣誉。他在自己编织的谎言中总是以英雄的形象出现，身陷危难之中，只能依靠他摆脱困境；他骑马只用一天时间就把信送到目的地，而其他送信人要花两天时间才能送到。他很快就成为众人鄙视和嘲笑的对象，因为他的谎言很容易被揭穿。

最愚蠢的人同时也是最大的谎言家，我总是根据对方的理解力来判断他说的是不是真话。记住，只要你还活在这个世上，那么唯有诚信才能保证你的道德心和荣誉感不受损害。这不仅是你的职责，也能为你带来益处。

第19封信

莫以出身傲人

虽然你拥有贵族的头衔，可是不要时时拿来炫耀；尽管你拥有充足的财富，但也要处处节俭，不可奢侈浪费。

亲爱的孩子：

我敢肯定你心里十分明白，终有一日你会继承我的爵位，并继承一大笔财产。可是我想你也知道，之所以拥有这一切并不是因为你所具备的美德（你的美德还不足以为你赢得这些），而是完全靠你的运气。有朝一日，你加官晋爵之时，会有许多卑劣、可笑之人争相向你阿谀奉承、谄媚邀宠。届时，请你一定要留心防范这类小人。你要清楚这一点，他们只不过把你当成傻瓜，之所以对你阿谀奉承，完全是为了一己之私，追求其不正当的利益。

世上被人嘲讽和调侃最多的，也是最可笑的，就是那些所谓的出身高贵之人。他们本身并没有半点值得夸赞的优点，却总是将自己"高贵的血统"作为炫耀的资本，比如，他们宣称自己的家族是很久以前某位国王的后裔。当然也有许多出身高贵、拥有巨额财富的人处世低调，不会因为自己比其他人稍稍幸运一些就嘲笑他们，或者带着傲慢、蔑视的神情对他们呼来唤去。出身高

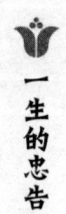

贵、家财万贯之人若想赢得人们的尊敬，就得做到不以自己的头衔为荣，待人彬彬有礼、慷慨大方、乐善好施；若是一天到晚拿自己的高贵血统说事，只会遭到鄙视。

我相信你会尽力避免奚落和嘲笑别人，因为侮辱带给人的伤害远比肉体上的伤害更大。虽然你拥有贵族的头衔，可是不要时时拿来炫耀；尽管你拥有充足的财富，但也要处处节俭，不可奢侈浪费。

若时刻保持着这些优点，那么受封的爵位只会令你显得更加高贵；可是你要牢记，一旦离开了这些优点，你的头衔绝不会为你带来半点高贵之气。没有什么比缺乏内在高贵气质的骄傲更可笑、更庸俗的了。有理智的、品德高尚之人懂得以品性和学识为荣，时时散发出高贵之气，可是一个侥幸获得提升、拥有巨额财富的傻瓜，却时时以他的幸运为荣，流露出可鄙的骄傲。正如权力不等于权威，骄傲和高贵也远不是一个概念。

——第20封信——

高贵的资本

一个以出身和血统为荣的人，他的品质必定大打折扣。

亲爱的朋友：

上周日我们见面的时候，你向我保证，自己没有犯过任何错误，而且问心无愧。我相信你说的都是实话。假如我对你有半点怀疑的话，那就证明你在欺骗我。不过说实话，我觉得你身上还有一些不太令人满意的地方。既然已经觉察到了，我就有责任向你指出来，并且协助你改正。

要是我没有看错的话，有一粒骄傲的种子在你小小的心灵深处埋藏着，我想这是你在曼斯菲尔德种下的。在那里，你过着无拘无束的生活，心安理得地接受别人的恭维——人们或是称你为"大人"，或是称你为"年轻的爵爷"。那么，这又意味着什么呢？难道你不觉得自己之所以获得这么多好处，完全是运气而不是凭借你自身的优点应得的吗？你是否像愚笨之人所说的那样，生来就比给你擦鞋的人高贵？根本不是那么回事。要知道，出身卑微的人也有父母，他们的上一辈还有父母、祖父母，若是追本溯源一直往上到人类的第一代，那么你们很可能就是一家人。你的家族确实比其他家族更幸运，可这并不意味着你就高人一等。

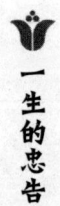

此外，想让别人来取悦于你，如果你本性中存有半点高傲自大的话，就甭想实现。因为一个以出身和血统为荣的人，他的品质必定大打折扣。相反，所有的人都会讨厌他、奚落他，甚至他还会被冠以各种绰号，比如"君王""高贵之人"等。

第三辑

学习的方法和乐趣

君子善假于物。

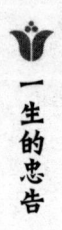

——第21封信——
持之以恒地学习

然而，轻浮、懒散的人不仅浪费自己的时间，而且还想浪费别人的时间，跟这种人多说无益，只会让他们恃宠而骄。

亲爱的孩子：

人们对你的赞赏声愈多，我就愈是担心。这么说似乎有点夸张，可事实的确如此。我对你寄予厚望，所以哪怕你有一点闪失，我都会很紧张。在我眼里，你就像一艘航船，我一直都希望你能安全靠岸。可在你即将靠岸之时，我又忍不住为你担心，害怕你是否会因为触礁而翻船。因此，我以朋友的身份给你写这封信，恳求你继续向前航行，专心致志地驶完你的全部航程。近来你的表现很不错，只要再加把劲就能顺利靠岸、大功告成。有了我对你的爱，加上你自己的聪明才智，相信你不会令我失望。

我希望你不仅能在学术界出类拔萃，而且在上流社会中也是数一数二。事实上，很少有人能两者兼顾。有的人潜心学习，疏于举止仪表，则往往会感染学究气，或者至少在生活中不修边幅；另一些人有着文雅的举止和运筹帷幄的能力，可是学识浅薄，只是满足于感官上的享乐，没有精神上的追求。

你现在所处的学习期难免有些枯燥、乏味，这就需要你投入更多的时间和精力。你前段日子因为生病浪费的时间，现在必须补回来。因此，我热切地希望，在接下来的6个月里，你每天上午至少花6个小时不间断、不受干扰地跟着哈特先生学习。我不清楚他是否对你提出这个要求，可是我希望你最终能说服他这么做。当你们都认识到只有通过这样坚持不懈的努力才能更好完成任务时，你们将会觉得付出是值得的。所以我敢肯定，凭着你的自觉和哈特先生对你的关照，以后每一个上午都会得到充分利用。

晚上的时间用来娱乐和消遣，这是一个合理而有益的安排。因此，我不但准许你，而且还建议你好好地利用晚上的时间去参加上流社会的聚会、舞会和演出。我对你唯一的要求就是不要让晚上通宵达旦的娱乐影响到你早上的学习，不要让晨间聚会和乡间拜访侵占你过多的时间。像你这样的年轻人，尽管拒绝晨间的聚会，完全不必为之感到羞耻。你需要求得他们的谅解，告诉他们你早上必须跟哈特先生学习，是我要求你这么做的，你不敢自行其是，把一切都推到我头上（我相信你自有分寸）。然而，轻浮、懒散的人不仅浪费自己的时间，而且还想浪费别人的时间，跟这种人多说无益，只会让他们恃宠而骄。你可以简短而有礼貌地回绝他"不行，我不敢这么做"，而不是说"我不愿意"。要是你试图跟他们强调学习的必要性和知识的有用性，那不但毫无作用，反而会被他们当做笑柄。你大可不必介意这类话，可我也不希望你听到它们。

我想像着你每天上午都跟哈特先生持续地学习6个小时，然后晚上去拜访罗马的上流人物，观察他们的言行举止，并以此为榜样完善你自己。我还能想到罗马那些游手好闲、学识浅薄的英

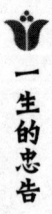

国人，他们住在一起，尽情吃喝、通宵玩乐，每次喝醉以后，都会发生暴乱和伤人事件；而清醒的时候，也从来不与上流人士往来。我就假想他们中的一个与你的谈话为例，供你参考。虽然谈话结果可能是他占上风，可是我更希望你能说服他们。

英国人：你明天能过来跟我一起吃早餐吗？到时候有四五个朋友也来，我们预定了轻便马车，早餐后一起去镇上兜兜风。

斯坦霍普：真对不起，我不能去。上午我得在家待着。

英国人：是嘛！那我们过来跟你一起吃早餐吧。

斯坦霍普：那也不行。我有事要做。

英国人：好吧，要不就后天。

斯坦霍普：老实说，我早上都没有空，因为中午十二点以前我既不能出去，也不能在家会客。

英国人：那十二点以前你一个人都在干什么？

斯坦霍普：不是一个人，我跟哈特先生在一起。

英国人：那么你跟他在一起做什么呢？

斯坦霍普：我们学习各种知识，有时阅读，偶尔也交谈。

英国人：多么"有趣"的娱乐啊！有人逼着你这么做吗？

斯坦霍普：是的，我父亲的要求。我觉得自己应该遵守。

英国人：为什么你会在意远在千里之外的老头子的

命令呢？

斯坦霍普：要是我不在意他的命令，那他也不会在意我的生活费。

英国人：什么？难道老头子还威胁你？别在意他的威胁，不受威胁的人往往活得更长久。

斯坦霍普：不，我记不得他曾经威胁过我。可我觉得最好还是不要惹怒他。

英国人：嗨，老头子最多写封信骂你一通，骂完就没事了。

斯坦霍普：你不了解他。其实他心里生气，嘴上却从不说出来。我印象中他从来没有对我发过火，可要是一旦惹怒他，我确信他一辈子都不会原谅我。他会变得冷酷无情，任我百般求饶都无济于事。

英国人：是吗，这个古怪的老头，我无话可说。那你是不是还得服从"贴身保姆"的命令？他叫什么来着？——哈特先生？

斯坦霍普：是的。

英国人：那么他每天早上都给你灌输希腊文、拉丁文和逻辑学啦。

天哪，我也有这样一个"贴身保姆"，可我从来没跟着他看过一本书。这个礼拜我几乎没见过他的面，他就像跳蚤一样，见不到我也不会想他。

斯坦霍普：哈特先生从来没有跟我提过无礼的要求，他都是为我好，所以我喜欢跟他在一起。

英国人：说得简直比唱得还好听！不管怎么样，你

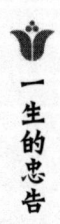

肯定会大有出息啊!

斯坦霍普:这没什么不好啊。

英国人:那么,明天晚上你有空吗?我们一共有七个人,已经准备了好酒,一起喝个痛快吧。

斯坦霍普:非常抱歉,我明天晚上的时间已经安排好了。先去看望卡迪诺·阿尔本尼,再去拜访威尼斯大使夫人。

英国人:你怎么会喜欢跟外国人待在一起呢?我从来不去参加他们的仪式和庆典。跟他们在一起浑身不自在。我也不清楚自己为什么老觉得害羞。

斯坦霍普:我跟他们在一起既不会害羞,也不会觉得害怕,只感到轻松自在,而且他们对我也十分友好。我会说他们的语言,可以通过交谈了解他们的个性。那正是我们出国的目的,不是吗?

英国人:我讨厌那帮附庸风雅的女人,还自称为"时髦女郎",跟她们都没话说。

斯坦霍普:你有没有和她们交谈过?

英国人:没有,从来没有。有几次我很不情愿地跟她们待在一起,也没说上话。

斯坦霍普:可至少她们并不会伤害你,而你经常交谈的女士也不见得就比她们好。

英国人:确实如此。不过,我宁可跟我的外科医生待上半年,也不愿一年到头跟那些时髦女郎来往。

斯坦霍普:你也知道,萝卜青菜各有所爱。

英国人:是啊。你是个精力旺盛的家伙,斯坦霍普。你整个上午都跟着"保姆"学习，晚上又出席上流社会的宴会，而且还整天要为远在英国的老父亲提心吊胆。你真是个奇怪的家伙，恐怕没什么能够改变你。

斯坦霍普：我想也是。

英国人：好吧，那么，晚安。我想你不会反对我今天晚上喝酒吧，即使你反对，我也会这么做的。

斯坦霍普：当然不会，我也不反对你明天起不来——不过你肯定起不来。祝您晚安！

你看我没有硬逼着你跟人争辩，即使这样的事情真的在你身上发生，我敢肯定，你也会这么说的。因为你尊敬我，深爱着我；你尊敬哈特先生，珍视与他的友谊；你尊重自己的道德品质，懂得作为男人、儿子、学生和公民应尽的责任。这些理由是那帮肤浅、自负的年轻人所不能理解的。让他们自行其是，沉浸于各种肮脏和不体面的恶习吧。他们会自食其果，等到后悔为时已晚。一旦老之将至，他们没有学问聊以慰藉，只有满身的疾病和痛苦做伴，他们所有只是痛苦和悔恨。

当你学习意大利语的时候（希望你能勤奋学习），请不要把德语扔往一旁，你有很多机会可以说德语。查尔斯·威廉先生上个星期到这儿来，说你在阅读一本外交著作，并且做了大量"宝贵的笔记"。我希望你经常翻阅，以保持记忆的清晰。当你以后涉足外交界的时候，你就会发现它非常有用。你比任何一个从事外交事务的人都要年轻，我是指你不到20岁就涉足这个行业了。查尔斯先生告诉我，他会负责传授你外交家所应具备的一切风度和礼仪，他认为你能够掌握这些本领，并且使其大放异彩。但同

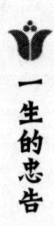

时，他也承认，外交家的风度比单纯的技能更难学得。他对哈特先生大加赞赏，这使我相信他对你的褒扬并非出于恭维。你对于自己目前取得的荣誉感到满意或者自豪吗？你当然会的，因为我也会。那么你是否会做出一些有损名誉的事呢？当然不会。难道你不会尽你所能为自己的名誉增光添彩吗？当然会。

　　继续前进吧，我的孩子，沿着你现在走的路，只要再坚持一年半时间就够了，这就是我对你的希望。一年半以后，我保证你会成为自己的主人，而我也很乐意成为你最好的、值得信赖的朋友。你可以接受我的建议，但不需要像命令那样服从它。其实，除了那些由于你年轻、缺乏经验而必须得到的建议，你已经不需要任何建议。你当然不再欠缺什么，而是出于自己的喜好和快乐才有所追求。你只需再坚持一年半时间，像你在过去的两年那样把上午的时间用在学习上，就会比其他人更早取得成功，再见！

——第22封信——
学识与怀表

千万不要让自己显得比同伴聪明或更有学识。你的学识就像自己的怀表，只需放在口袋里，不必拿出来炫耀，只要让人知道你有表就行了。

亲爱的孩子：

每一个优点、每一种美德，都与恶习或缺点紧密相连。如果优点或美德超越了某个界限，就会沦为缺点或恶习。比如说，太过慷慨大方会显得你奢侈浪费，勤俭节约过了头又显得你吝啬贪婪；行事过于大胆会显得你轻率鲁莽，谨小慎微又让人觉得你怯懦无能……所以我认为，实践美德比避免恶习要求人们具备更多的判断力。恶习，其本来面目非常丑陋，第一眼看见它我们就会被吓倒，要不是一开始它戴着美德的面具，我们断然不会被它引诱。而美德，其内在非常美丽，第一眼我们就会被它吸引住，并且随着认识的深入我们会越来越迷恋它。没有其他什么美好的事物能够超越美德。因此判断才显得尤其必要，它能引导、调节美德中积极的因素。眼下我并不是将其运用到某种特殊的美德上，而是运用到任何一种优点上。因为若是缺少判断的话，优点也会引起可笑的过失。比如，若是没有正确的判断，学识渊博的人，就会走上错误、傲慢和卖弄学问的歧途。我希望你千万不要沾染

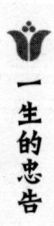

上人们常有的恶习，要尽可能发挥自己的长处，而我的亲身经验也将会给你指引。

有些骄傲于自己满腹经纶的"饱学之士"，时常谈论一些陈词滥调，毫无新意；有些所谓的"有道明君"，一天一个政令，结果激起民愤，人民不堪忍受，起而反抗。你知道得越多，就该表现得越谦虚。这是满足你虚荣心的最有效的方法。即使你对某件事非常有把握，也不要全部表现出来，你只需陈述自己的观点，不要贸然下结论；如果你能说服其他人，那么对他们的观点也要表现得宽容。

还有些卖弄学问的人（其实他们往往受学校教育的影响），总是喜欢把话题引向古代，仿佛古代的东西比现代的东西、比人类更重要。他们出门时口袋里总是放着一两本经典名著；他们死抓住古代的东西不放，从来不读"无聊"的现代作品，还会非常直率地告诉你，1700年来人们在艺术和科学上毫无进展。我绝不是希望你轻视自己的古代知识，只希望你尽量避免"言必称古代"。你讲到现代社会的时候，不要轻视；提到古代社会时，也不要一味地盲目崇拜。你要根据它们自身具备的优劣点进行判断，不要根据年代的久远与否来评判。要是碰巧口袋里有一本埃尔塞维尔版的经典名著，也不要拿出来炫耀，更别对人提起它。

有些学者，虽然不是很教条，也不太傲慢，可是非常鲁莽。他们是一群喜欢通过聊天炫耀自己的书呆子，即使与妇女聊天都喜欢旁征博引古希腊古罗马的例子，以显示自己的博学。为显示他们与古希腊古罗马作家的亲密关系，在谈话中他们常用特定的名字或绰号来称呼他们。比如，他们会在荷马前面加个"老"字，称贺拉斯为"狡猾的流氓"，把维吉尔叫做"马罗"，称奥维德为"纳叟"。这种行为常被现在的纨绔子弟模仿，其实他们根本不具有真才实学。他们熟记古代作家的名字以及一些琐碎的八卦新闻，然后在各种社交场合极不合适地胡乱发挥，希望被人看做有学问之人。因此，要是你既不想被人责难，也不想让人以为自己无知，那么最好不要卖弄学问。尽量纯正地使用你所在群体的特定语言，避免大量地引用其他话语。千万不要让自己显得比同伴聪明或更有学识。你的学识就像自己的怀表，只需放在口袋里，不必拿出来炫耀，只要让人知道你有表就行了。要是别人问你时间，你就拿出来看看，然后告诉他；要是没有人问起，你就不要像个卖表人那样不断拿出来报时。

还有些杰出的学者，所说的涉及公众和私人生活的名言警句全都是从古代作家那里抄袭来的，这么做非常荒唐。首先，他们压根没有想过，自创世纪以来，从来就没有出现过两个非常相似的例子；其次，从来都没有哪个实例，就连历史学家也不清楚它的细节。可是，为了引用的时候令人信服，这些本来应该事先搞清楚。我们应该从实例本身进行推论，致力于发掘它的具体细节，而不是盲从古代的诗人或是历史学家的权威。你要仔细考虑清楚，这几个例子可能非常相似，但也只是仅供参考，不能用来做教科书。我们自身所受的教育带给我们许多偏见，就像古人神化了他们的英雄，而我们又神化了他们中某些疯狂的人。

综上所述，你要记住，学识（我指的是古希腊古罗马的学问）尽可以拿来装饰，缺少它你就该感到羞耻。然而，与此同时，你也要小心谨慎地避免上面提到的各种错误和恶习。尽管我希望你对现代和古代的知识都要有所了解,并且你得记住,现代的知识远比古代的更实用。你最好能够更详细地学习现代的知识,而不是将注意力放在古代的状况。

―― 第23封信 ――
如何阅读

第一，进入社会后，读书不再必要，相反，接触社会上形形色色的人，会让你学到更有用的知识；第二，不要把时间浪费在毫无意义的书上；第三，选定一个主题，然后集中阅读相关的书籍。

亲爱的朋友：

社会是一本大部头的书，我希望你从即刻起就好好翻阅它，你将从中获得远远超过你以前读过的所有书籍的知识。当你去参加上流社会的聚会时，请暂时先把手头的书放一放，这种社会交往会让你学到更多的知识。虽然这样说，但你从书本中学习知识还是非常重要的。可是人们往往整天忙于工作或者沉迷享乐，根本没有时间看书。所以，请你每天抽点时间用于阅读，因为书是人类心灵的避风港。那么该如何有效、合理地利用这段有限的时间去读书呢？

首先，切勿把时间浪费在毫无价值的书本上。这类书是懒散的或是穷困潦倒的作家为了迎合那些无所事事、学识浅薄的读者而作。它们每天铺天盖地地向你袭来。此类书对你毫无帮助，你最好把它们扔得远远的。

其次，当你终于有时间看书时，最好锁定一个主题，在没有完全了解之前不要轻易更换。考虑知识应与你的职业相关，我建议你挑选现代史中比较重要、有趣的时期，然后集中阅读与之相关的书籍。假如你对历史上的《比利牛斯条约》——1659年，法国和西班牙签订了《比利牛斯条约》，以比利牛斯山脉为界划分两国边界感兴趣，那么专心致志地阅读相关的历史书，中途不要翻阅其他无关的书籍，以免受其干扰。你可以阅读一些——比较可信的历史书、书信集、回忆录和相关的条约，然后仔细比较它们有何不同。别误会，我不是要你在这样的比较研究上花费太多时间，你可以自由地支配时间，获取更多有益的知识。我只是希望你在阅读时专注于某个主题，尽量不受其他不相干的东西的干扰，这样才能提高阅读效率。

当你就某个主题有选择地看书时，可能会发现在不同的书中同样的内容，讲述却并不一致，甚至阐释的观点也有矛盾，这时你得赶紧求助其他书本加以考证。如此一来，反而会加深你的印象。因为即使你看过很多书，却不一定都能记住，反而会越看越糊涂。反之，若是你在看书的时候经常比较不同的观点，了解学术界的有关争论，征求别人的意见，那么关于这一主题你就可以在脑海中形成比较系统而完整的知识，而且一辈子都不会忘记。

以上所说的读书方法可以简要地概括为三点：

第一，进入社会后，读书不再必要，相反，接触社会上形形色色的人，会让你学到更有用的知识；

第二，不要把时间浪费在毫无意义的书上；

第三，选定一个主题，然后集中阅读相关的书籍。

若是依照此种方法读书，那么每天只要花上半个小时就会收获不少。

——第24封信——
如何重读经典

　　这类经典名著不仅可以丰富你的想像力,提高你的心智,而且常常成为上流社交圈聊天的话题。

亲爱的朋友:

　　不知道阿里斯托的诗作《疯狂的罗兰》你现在读到什么地方了,有没有看到那充满着真理与谎言、庄严与放纵、骑士和术士等极具创造性的篇章,所有这一切作者早在诗篇开场就提到了。

　　我敢肯定,无论是构思的独具匠心,还是描写的精确细腻,《荷马史诗》都比不过阿里斯托的这部作品。还有什么比阿西纳的人物和宫殿更诱人、更奢侈呢?又有什么比在月光下寻找罗兰和其他人遗失的智慧这个情节更具独创性、更夸张和放纵呢?所有这些都值得你一读。它不仅是一部制作精美的诗歌,而且还为所有现代故事、小说、寓言和传奇提供素材,正如古希腊诗人奥维德的《变形记》就是取材于古代的各种神话传说故事那样。此外,若是你能通读这部作品,那么你的意大利语就不成问题了。以后你就可以轻松自如地阅读塔索的《解放了的耶路撒冷》和薄伽丘的《十日谈》。读完上述三位作家的作品后,就相当于读遍了所有值得一读的意大利作品。尽管意大利人听到我这样说,也许会非常不高兴。

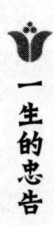

作为一名绅士，你应该了解你能阅读的每一种语言的经典名著。例如法国的布瓦洛、高乃依、拉辛、莫里哀，英国的弥尔顿、德莱顿、蒲柏、斯威夫特等人的作品；意大利则以上面提到的三位作家的作品为主；至于你是否读过德国的经典作品，我不清楚，也没有兴趣了解。这类经典名著不仅可以丰富你的想像力，提高你的心智，而且常常成为上流社交圈聊天的话题。既然你有能力阅读各国的经典名著，而且也能记住所有读过的作品，那么为什么不努力学习有关经典名著的学问呢？这会令你在社交圈子里引人关注，而恰当地引用这些古代的作家作品并不会让人觉得你过于迂腐。

你接受过良好的教育，拥有许多普通人所不具有的优势。其中，你掌握多门外语的能力就特别值得一提：无须翻译就可以直接阅读原著，可以直接与不同国家的人交流或谈判，而不懂该国语言的人就无法做到。在生意场上，或许因为一个词的力度和强度就谈成一件大买卖；在谈判桌上，或许平庸的一方就因为某个词用得恰当、得体而占据上风，而原本有才能的另一方却因为使用了某个粗俗、不恰当的词而处于不利局面。你现在已经掌握了四门现代语言，我希望你进一步深入学习（当然这对你来说不成问题），能够更加准确、恰当、优美地使用这四种语言。阅读一些有关经典名著的评论文章，并向那些有能力回答的人请教作品中的独特之处。目前，许多出版社都出版过相关的法语语法书，你可以去看看，意大利语也有这类工具书，我建议你翻阅一下；可能德语也有。既然你已经会说这些外语，那么尽量说得纯正些，不是更好吗？我认为一个人应该尽其所能准确、优美地使用语言。如果碰到一个努力学习当地语言并且对话相当流利的外国人，那是多么令人舒服啊。这不仅会让当地人的民族自豪感油然而生，而且也会减少每个人内心或多或少都存在的排外意识。

随信寄去弗朗西斯的剧本《尤金尼亚》。很多品位高雅的伦敦人都非常喜欢它。到了公演的第六天，戏院的包厢里还挤满了观众。直到戏院的后排和走廊空无一人，该剧才停演。如果剧中只有悲伤，没有死亡，则难以感动真正的英国观众。冗长的对话令他们感到厌烦，只有暴风雨般强烈而紧凑的情节才能吸引他们。长久以来他们已经习惯于看到舞台上出现短剑、刑具和毒药。同贺拉斯的创作理念相反，观众们渴望看到的是美狄亚谋杀亲子的场景，而那种过于细腻的情感已经不可能打动现在的观众。

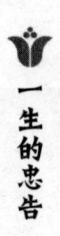

——第25封信——
如何读伏尔泰

还有什么比伏尔泰笔下这样富有戏剧性的篇章更感人、更有趣呢?又有什么比他富有哲学意味的书信更清晰、更理性呢?还有什么比他的诗句更优美、更文雅呢?

亲爱的朋友:

你目前大概在奥古斯都法庭吧。如果你曾经热切地期盼得到人们的欢迎,那么如今你必须全力以赴,以赢取当地人的好感,若能如此必会给你带来莫大的好处。你将见识这个国家强大的军事力量、文雅的举止礼仪和健全的法律制度,我敢肯定,你会像贺拉斯那样在罗马大开眼界。

我曾经不止一次地读过伏尔泰的全部作品,对他无比钦佩;近来,我又仔仔细细地重新阅读了一遍,并且惊讶地发现,他的文学才华当世无双。你对于古典作品的评判是如此严苛,以至于当我问及《亨利亚特》这部作品是否称得上是一部史诗时,因为它缺乏天神、恶魔、女巫等角色,所以你宣称那算不上史诗。如果缺少这些人物,史诗就不能算是史诗了。可是,不管你是否认可,我都要大声宣布,这部作品是我读过的最美的史诗。随着年龄的增长,我以前那种一看到爱情对一切就不管不顾的热情正在逐渐消退;现在的我变得越来越理性,我绝不会原谅那些荒唐可笑的行为。

有了这种想法，你说我还能一章不落地读完《荷马史诗》吗？尽管这部史诗写得很美，可老实说，荷马的书我经常读不下去。维吉尔的作品显然更能吸引我，我也比较喜欢这位古罗马诗人。可惜的是，他的作品时常透露出一种绵软无力，尤其是后期创作的五六部作品，我不得不借助鼻烟提神才能读下去。此外，我更喜欢泰恩斯，厌恶伪善的埃阿斯（他总是声称为了执行神的意志才做出残忍、极端的恶行）。如果我告诉你我无法读完英国大诗人弥尔顿的作品，你会作何感想呢？我承认在他的作品中有些篇章确实写得十分华丽，闪光点也很多；可你也得承认，他的作品并非十全十美，用他的话来说"光明的背后总是伴随着黑暗"。我除了知道他的诗中有男人和女人之外，不知道还有什么其他角色。而诗中一大群天使和恶魔的出场以及他们的对白，更加不能吸引我的注意，也无法给我带来阅读的乐趣。到此为止吧，你可得替我保守这个秘密啊；否则，如果有人知道我对弥尔顿如此轻慢，那么全英国的老学究和顽固的牧师们都会指着我的脊梁骨痛加斥责的。

不管这三位诗人的作品有多少让人不满意的地方，都比不上塔索的长诗《解放了的耶路撒冷》给我带来的反感。毫无疑问，塔索确实才华卓越，然而这种才华非常短暂，如流星一般转瞬即逝，紧接着的是错误的思想和荒谬的言论（以《鱼和鹦鹉》为证）。而且，他的诗歌词藻失之华丽，与英雄史诗的厚重极不相称。

《亨利亚特》确实不失为一部杰作，值得认真阅读。诗中反映的思想十分鲜明，文笔相当优美，人物形象高贵优雅，情感表

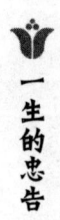

达崇高庄严，更不用说诗篇韵律的和谐工整——在这方面伏尔泰为法国诗人之翘首，如果你坚持拥戴拉辛的话，我也不会放弃我的立场，至少伏尔泰和拉辛不相伯仲。根据史诗创作的规则，亨利四世坚持了那场伟大而持久的战役，最终获得了胜利，那么还有哪位英雄比他更迷人呢？作品中首先描绘了惨绝人寰的大屠杀，紧接着的是巴黎的饥荒，还有什么场面比这更让人惊心动魄呢？还有哪位诗人笔下绽放的爱情比他描绘得更真实动人呢？在我看来，伏尔泰在这方面的才能举世无双，即便是维吉尔的第四部书也无法与之媲美。以你判断古典的严格标准来看这首诗歌，你认为圣·路易斯这个形象究竟是天神、恶魔，还是巫师？他是以人形出现还是只存在于人的梦境中？依据最严格的史诗创作原则，《亨利亚特》毫无疑问是一部史诗。

我可以跟你谈论伏尔泰的所有作品，这样一来，这封信的篇幅就相当于一部学术专著了。他笔下的瑞典国王——一个北欧英雄（我无法把他当做人）的事迹令我非常激动。我很抱歉把他称之为"英雄"，这样似乎对那些真正伟大的英雄，诸如尤里乌斯·恺撒、泰特斯、图拉真、现任的普鲁士国王等多少有些不敬——这位瑞典国王重视、鼓励艺术和科学的发展，身上闪耀着大无畏和仁爱的精神，乐于提高国民的素质而不是压抑他们的个性。还有什么比伏尔泰笔下这样富有戏剧性的篇章更感人、更有趣呢？还有什么比他富有哲学意味的书信更条理、更理性呢？还有什么比他的诗句更优美、更文雅呢？你可以根据自己对我的一贯了解来判断我对其作品有着怎样的评价……

晚安，孩子！我要睡觉了，这时候你在柏林开始新的一天了吧？

——第26封信——

如何读史书

对于历史学家给出某个历史事件的原因或动机,不要盲目轻信,应该将它们与不同的观点作比较,然后再作判断。此外,你还要认真回忆一下是否遗漏了值得引起注意的问题。

亲爱的孩子:

对法国在《明斯特和约》中的表现,你的看法相当准确。我很欣慰看到你目前正在阅读历史书籍,而且还能把自己的思考和见识融入其中。许多人看书不用心,不管书中的内容对他有无价值,只是囫囵吞枣一股脑儿统统塞进大脑,也不加以整理、归类、消化,就储藏起来。这种读书方法是不可取的。

我希望你将现在这种阅读历史书籍的方法坚持下去。不要盲信作者的观点,正确的做法应该是,经过独立自主的审慎思考,对书中的事实和观点加以判断。在求证过程中,你可以翻阅不同作者就同一个问题发表的各种看法,以帮助形成你对这一问题的总体印象。对于历史学家给出某个历史事件的原因或动机,不要盲目轻信,应该将它们与不同的观点作比较,然后再作判断。此外,你还要认真回忆一下是否遗漏了值得引起注意的问题。在评判中,不要忽视伟人身上的某些细小的动因。因为人类的本性复

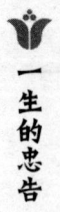

杂，感情多变，意志起伏不定。人们的思想极易受到影响，一天之中可能会以多种表征出现。最优秀的人可能会做出一些坏事，尽管影响并不是非常糟糕；而最坏的人也可能做点好事，有时甚至还相当出色。历史学家为某个历史事件盖棺定论的时候，常常用到"毫无疑义"之类的词，你千万不要被这类词蒙骗，轻易地相信作者的结论；你一定要经过自己的分析，去粗取精，去伪存真，有选择性地接受作者的观点。

—— 第27封信 ——
如何学习法国史

　　法国人，不管他们对本国的古代史有多么无知，都会把不了解法国历史看做一种耻辱。

亲爱的朋友：

　　待在法国的这段时间里，我希望你把自己对历史的兴趣全部投入法国史上，尽量花时间去研读法国历史。人们阅读本国的历史总是非常方便，遇到问题也可以随时请教身边精通历史的人。我让你学习法国历史，可绝不希望你像呆板的古文物研究者那样，到处搜罗远古时期琐碎的历史碎片，也不希望你把时间浪费在一些毫无意义的历史书籍上。傻子写的历史书，往往也是写给傻子看的。

　　聪明的读者往往带着问题去阅读历史上的重要事件，而对一般的历史事件则一掠而过，这么做会节省下大量时间。有的人阅读历史书就像其他人阅读《朝圣者的旅程》，同等地关注每一个历史细节。我建议你用另一种方式来阅读：首先设法找到每个国家的简明历史书，标志出书上提到的重要历史时期，例如征服事件、国王的更新换代、政体的改变等；然后再寻找相关的具体细节或更为广泛的历史背景，对之细细品读。边阅读边动脑，分析历史事件产生的根源以及带来的后果。例如，法国有一段极为短

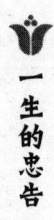

暂却又相当辉煌的历史,即勒让德尔统治时期。仔细阅读这段历史,你会对它有大致了解。当你读到上面提到的那段辉煌的历史时,可以向梅士雷或者其他优秀的历史学家求教关于政治条约方面的问题。现在,市面上出版了不计其数的名人传记——从菲利普·德科米纳到路易十四时期,它们对你了解法国历史非常有用,特别是你可以借助它们查找历史事件的细节问题。

传统意义上的"法国历史"指的是从法兰西人征服这个国家开始到路易十一的统治结束这段时间,这一时期的历史广为人知,你自然也应该知道一二。不过比它更远的时期也有些重要的历史事件值得我们关注,我指的是在形成国体和政体时出现过的著名改革。例如,克洛维斯在高卢定居时期确立了当时政府的组织形式。这种政体有别于所有其他的野蛮政体。在这种政体下,人民可以完全参与到政治事务中。它既不是民主政治,也不是个人专制,而是君主政治和民主政治相结合的产物。要知道,人们通常所说的法国政体仅仅由贵族和僧侣掌权,直到14世纪初菲利普·拉·贝尔执政,他才第一次准许人民参与议会,这么做的目的其实是为了遏制贵族和僧侣的势力,迫使他们上交足够的税款以保证国库的殷实。这是一位大臣的计策,这位大臣控制着国王,左右着整个国家,以至于人们把他称为国家的副主教和管理者。后来查尔斯·马特废弃了这种议会,代之以公开管理政府的形式。再后来培宾又恢复了这种形式,废除国王,篡夺了王位。这段历史同样值得你注意。

与法国人交谈的时候,如果你懂得充分运用说话的技巧,巧妙地把他引到对你有用的话题上,那么这种交谈非常有利于丰富你的历史知识。法国人,不管他们对本国的古代史有多么无知,都会把不了解法国历史看做一种耻辱。法国人常常阅读历史书，即便有人没有读过任何类似的书，他也会自欺欺人地夸耀自己读过，并且乐于跟人谈论有关历史的话题，甚至连妇女也不例外。我并不是说你可以与所有人就历史或其他知识高谈阔论，因为在法国你会遇到各种不同的社交圈，而这类谈话往往并不是所有的场合都适合的。你可以凭着敏锐的判断力区分不同的社交圈和不同的场合，学会跟不同的人说不同的话：与不务正业的人在一起，你可以跟他们开开玩笑；与严肃古板的人在一起，你就得说些正经的话题；与喜欢玩乐器的人一起，你可以在他们的伴奏下纵情歌舞。从你穿着打扮完毕、准备出门那一刻起，你得把所有的知识像怀表一样揣在口袋里。除非有必要，绝不要在人前拿出来炫耀。例如，有人暗示你的话题有些无聊，或者人们对你产生厌烦情绪的时候，你就可以稍稍展示一下自己的才学，缓和一下气氛。社交圈就像一个共和政体，非常注重自由，根本无法容忍任何人哪怕一刻钟的独裁。

　　记住，学习法国历史不仅是你目前首要的目标，因为你现在身处巴黎，还几乎就是你唯一的目标。

第28封信

品味戏剧

悲剧源于生活,又要高于生活,否则就无法打动我们。/喜剧跟悲剧不同,它源于生活,更贴近生活。/歌剧根本就是荒唐、奢侈的游戏。

亲爱的朋友:

最近公演的悲剧《瓦侬》你有没有看过,对它有何评价?请写信告诉我,让我有所了解,因为我决定与你分享我对戏剧的理解。

听说这出戏的舞台背景和情节安排都非常出色,而且里面表现灾难的场景也相当出人意料,只是台词稍有瑕疵。我完全能想像得到,现在巴黎的街头巷尾都在谈论这出戏,因为每一个巴黎人——不论男女——都热衷于此道。这种评论不仅能够提升人们的欣赏品味,而且还能引导人们作出判断,所以在英国受到各阶层人士的极力推崇。可是,英国人对戏剧的评论往往过于浮夸,不切实际,既不会愉悦人,也缺乏指导意义。我之所以这么说(妇女通常喜欢在谈话中添枝加叶),是因为英国妇女既不像法国妇女那么见多识广,也不像她们那样受过良好的熏陶;此外,英国妇女天生就比较严肃、呆板。

我真希望英法两国剧院能够签订一份协议,根据协议双方对本国的戏剧做出适当的调整。例如，英国戏剧践踏了戏剧的统一性，这种恶劣的行径应当立即停止；英国戏剧舞台上还经常出现凶杀、拷问、人或者牲畜尸体等恐怖的暴力场景，也应当放弃。法国戏剧过于倚重人物的对白，今后应该多补充些动作，减少大段慷慨激昂的辩论；为了遵循戏剧的统一性，应该减少一些不必要的情节或台词。英国的剧作家是最肆无忌惮的群体（有很多谚语证实了这一点），应该受到适当的约束；而法国的剧作家是这个强权制国家中最卑微的奴隶，应该给予他们更多的自由。对两国戏剧作了如上规定之后，观众有可能看到一种新型的戏剧：剧中的每场时间长度适中，不至于让观众乏味；情节和场景的安排也不会过于血腥；偶尔也会打破时间、地点的统一性，戏剧中故事发生的时间突破了24小时的局限，可能持续三四天左右，发生的地点也从可以封闭的室内延伸至户外的某一条大街或是某一个小镇。

在我看来，剧中迷人的智慧和丰富的想像应该得到人们更多的关注。我承认，当悲剧中某个英雄或王子对自己面临的苦难和不幸怨天尤人时，确实让人感到不太自然。但是，我认为他们可以适当地花上半个小时抒发一下内心的感触，否则情节就无法展开，除非他们求助于更荒唐的把戏——借助古代的合唱队来抒情。欣赏悲剧在某种程度上是一种自欺欺人的行为，因为我们必须让自己沉浸到幻觉中去，从中体验悲剧的复杂情感。

悲剧源于生活，又要高于生活，否则就无法打动我们。就人类本性而言，最强烈的情感通常埋藏在心底，不是用言语所能表达的；可是在悲剧中，这种情感就得说出来，而且还要通过主人公之口高贵地表达出来，因此，必须以台词的形式写下来。而法

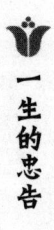

语有一个缺陷——天生缺乏韵律感,这使得法国人的悲剧有点美中不足。

喜剧跟悲剧不同,它源于生活,更贴近生活。剧中的每个角色都要在舞台上说话,台词不仅符合剧情的发展,而且也体现人物的身份。因此,我认为喜剧中的台词无须讲究韵律,那些疯狂的剧作家的作品例外。

在我看来,歌剧根本就是荒唐、奢侈的游戏。我将其视为魔幻的世界,只能迷惑观众的视觉和听觉,使其丧失正常的判断力。歌剧从头至尾充斥着歌声、乐声和击鼓声,剧中的英雄、公主和哲人连同小山、树林,还有飞禽走兽,在俄耳甫斯竖琴的伴奏下翩翩起舞,非常和谐地融为一体。每次去剧院看歌剧,我总是将自己的理智和判断力放在一边,只带上耳朵和眼睛就可以了。

至此,我向你坦白了我对于戏剧的全部看法。我承认,其中有许多地方与英法两国传统的欣赏品味相左,但是就像坦诚的异教徒拒不接受传统教会的教条一样,我也不会因此而改变自己的看法。到了我这个年纪,有权选择适合自己口味和思想的东西,而不必在意别人对我的看法。尽管与我们相比,年轻人有许多优势,可是唯独在坚持自我这一点上逊于我们。有时候,你不得不在表面上适度地遵从传统的品味,追赶流行的时尚或附和他人的观点。不过私下里,年轻人可以用温和的态度对公众的看法或偏见表示异议,但不应该加以激烈而蛮横的抨击。对于其他人的看法,你首先应该学会倾听和了解,然后谦虚地接受,冷静地形成自己的观点并用温和得体的方式表达出来。

——第29封信——

生活出真知

我时常为自己年少时的漫不经心后悔不迭。在学习的时候，我因为漫不经心，总是遇到各种困难，结果什么都浅尝辄止。

我亲爱的朋友：

懒惰和散漫是求知之途的两大障碍。有两种人，一种是不愿成为博学多才之人，一种是不可能成为博学多才之人，那么他们之间有什么不同呢？唯一的区别就在于，前者将遭人唾弃，后者却可能博得同情。然而，又有多少拥有学习能力的人，因为懒惰和心思散漫而厌恶学习，不愿付出哪怕是一丁点的努力。

许多年轻的英国人远渡重洋到国外求学，回来时却两手空空。在你这个年纪，大脑最容易接受各种新知识，与人交流时最容易获取大量信息，这有助于你知识的增长，而且比从书本上学到的理论更为有用。许多年轻人在罗马或巴黎待上一年，仍然对罗马教皇选举会议或巴黎议会一知半解。这是因为他们一开始就没有向当地人求教，以后也自然不会深究；否则，他至少能从当地人那得到有关这些机构的一些基本信息。

我希望你能更明智些，抓住身边每一个机会（因为机会会不断出现），努力去了解英法两国的政治和宪法。例如，听到人们

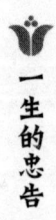

谈论某个你不熟悉的话题时，你会不会一面心里盘算着询问与话题相关的细节，一面又感到难以开口？或者你认为劳烦别人向你讲解会给人家添麻烦？听到人们聊起中尉、司令官和督导等官衔的时候，向人询问一下各种官衔的权力和职责范围是再自然不过的事情了。然而，我敢说，大多数英国人连民事部门的管理者和军事组织的掌权者之间的差别都不甚清楚。当你在书中发现（有时候你会不经意地发现）某些法律和习俗的介绍时，千万别就此为止，以为自己明白了；你应该抱着怀疑的态度，追本溯源，彻底将它搞清楚。这里我举个例子。在法国喜剧中，你常会碰到这两个词——"Cri"或"Clameur"。向别人打听之后，他们会告诉你，这是法国诺曼底地区的法律术语，意思是根据某人所犯的民事或刑事罪行传唤当事人出庭。它们源自于"a Raoul"——这是古代诺曼底一位公爵的名字，因其处事公正而得名。可是后来经过几代人的口耳误传，现在已经被错当成了"haro"。

我并不是希望你成为一名法国律师，而是希望你熟悉法国法律中那些与日常生活息息相关的一般规定。例如，他们的世袭问题，土地的继承权问题。法国人是把土地传给长子，还是平均分给后代子孙？在英国，除非其他孩子被父亲剥夺了继承权，所有的土地才会都传给长子。肯特郡是个例外，因为它有自己特殊的风俗习惯，称之为"财产继承制度"。如果父亲死后没有立下遗嘱，那么他的孩子就平分父亲的土地。你也知道在德国，封地和其他土地的世袭方式是有区别的：封地一律传给下一位男性继承人，如此便能保证世袭家族延续下去；而除了封地之外的其他土地都是由孩子们共同平分的。在法国，我相信不同的地区世袭方式也是不同的。

婚姻的实质也有待你去探究。在英国，一般来说，妻子的全部财产从属于丈夫。考虑到这一点，丈夫会适当地给妻子一笔所谓的生活费，即定期给妻子一笔钱；等丈夫死后妻子可以继承一部分遗产。在法国，尤其是在巴黎，情况并非如此。已婚的巴黎妇女（要是你愿意向她们打听）会告诉你所有的内幕。

　　我时常为自己年少时的漫不经心后悔不迭。在学习的时候，我因为漫不经心，总是遇到各种困难，结果什么都浅尝辄止。我恳请你从现在起保持清醒的头脑，不要做出让自己日后后悔的事；学会提问题，多多益善，直到你把知识领悟透彻为止。问题若是提得中肯，被提问的人是不会觉得受到侮辱或是感到麻烦的；相反，这是对他们学问的一种默许和赞扬。而对于渴望真知的年轻人，人们也容易产生好印象。

　　对明智之人来说，这些事情往往是他们感兴趣的。事实上，他们并不以埋首书本为满足，而是带着极大的好奇心和敏锐的观察力，通过与人交流获取真知。

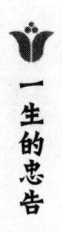

第30封信
三人行，必有我师

> 只要你愿意，随时随地都可以向身边人学习。每个人几乎都有自己擅长之事，他们也非常乐意与人分享。这种人到处都有。

亲爱的孩子：

不管你做什么事，都要全力以赴，有始有终，不要走马观花、浅尝辄止。任何事情如果你只做了一半就等于什么都没做。一知半解就等于根本不了解，甚至还可能误导人们，使事情变得更糟。只要你愿意，随时随地都可以向身边人学习。每个人几乎都有自己擅长之事，他们也非常乐意与人分享。这种人到处都有。留心每一件事情，探究每一件事情。如果你提问题的方式有些鲁莽，你可以归因于自己的好奇心，但要尽量避免。例如："我担心自己正受困于某些问题，可是没有人能像你那样告诉我实情。"诸如此类的话。

现在既然你置身于一个信奉路德教的国家，那你就去参观一下他们的教堂，观察一下公众的敬神行为，参加他们的宗教仪式，并向随便哪个人询问他们宗教信仰的意义和目的。当你在短时间内对德国充分了解之后，就可以去参加他们的布道，观察牧师讲道的方式。你要了解他们的教会统治权掌握在谁的手中，是教皇，还是红衣主教会议？谁来支付神职人员的日常生活费用，是不是像英国一样，从教区的什一税中获得，还是从信徒的自愿捐款中或是从国家的养老金中扣除？

当你到了一个信奉罗马天主教的国家，比较他们的宗教习俗是否跟信奉路德教的国家相同。你可以去参观他们的教堂，观察他们所有的宗教仪式，然后向人了解一下这些仪式的宗教意义，从中可以了解一些宗教术语，比如，晨祷、祈祷钟、大弥撒、晚课、晚祷等。你要了解不同的宗教派别以及它们的创始人、教规、宣誓、习俗和收入等。我希望你尽可能接触各种不同的宗教。

当你经常出入当地民众敬神行为的场所，谨记，不管他们膜拜的对象多么荒谬多么可笑，绝不要嘲笑、奚落他们。诚实的错误是值得同情的，而不应该遭受奚落。世界上的公众敬神行为膜拜的对象都只有一个，那就是伟大永生的造物者——上帝。不同的敬神方式决不应该受到奚落。每一个教派都认为他们的敬神方式是最好的，世界上没有一种确实可靠的评判标准来判断哪种敬神行为是最好的。不管你走到哪儿，随时调查一下各个国家不同的财政收入、军事组织、商业贸易以及相关政策。你最好随身带一本空白的笔记本，德国人把它叫做"纪念签名册"。你可以把看到的、听到的随时记在上面。

还有一件事我差点给忘了。我劝你可以去法庭旁听，以满足你的好奇心，也可以从中了解该国的司法制度。司法审判总是在公开的法庭上进行，我希望你能利用那里解决你的好奇和疑问。

我现在对你只剩下一个期望——成为一个完美的人。我知道没有几个人能做到。即便没法达到完美的境界，那么也希望你尽

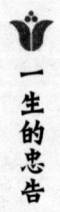

可能地向完美靠近。只要你决心这么做，就一定可以做到。我从来没有为什么人在教育上投入过比你更大的心血，我也没有给其他人提供过获得知识的机会，我希望、期盼着你能成为一个完美的人，同时我也担心你能否成为这样的人。我唯一坚信的是：你将会以实际行动向我证明，你正尽着自己最大的努力。

第四辑

善养吾气

魅力来自内心的修养。

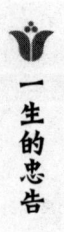

——第31封信——
重视细处的优雅

如果可能的话，处理细节也需要优雅的风度。假如你忽视这些细节上的优雅，你将难成大事。

亲爱的孩子：

不管我看到什么或听到什么，我首先想到的便是它们是否对你有益。前几天，我偶然经过一家名画商店，在众多的画作中，我发现了一幅卡罗·马拉蒂的作品。卡罗是近代欧洲最杰出的画家，不过早在三十年前就去世了。这幅作品的主题是"绘画学校的全体师生"。画作中央有一位年老的男子，看上去应该是老师。他指导学生用不同的画法进行创作，或用透视法，或用几何法，或临摹古代雕像。关于透视画法，在这个领域内范本屈指可数，可是他写道，"这已经足够了"；对几何画法，他也写了同样的话；至于描摹古代雕像，他说"永远都不嫌多"。在画作顶部的阴影部分，画家描绘了美惠三女神，上面写着"没有我们，所有的努力都是白费"。这对图画中的每个人而言都是真理，我希望对你也如是。我会托埃利奥特先生把这幅画带给你，并建议你好好保管它，就像罗马天主教徒对待圣徒的画像那样，尽管他们自己并不承认是在供奉画像，但这么做能勾起他们对真理的想像。我还要给你指出的是，一个人的宗教信仰也可以改变，他可以很快从天主教徒转变为异教徒。所以，我希望你每天都把这幅画拿出来端详、研究一番，并且坚持不懈。

我怀疑，即使是最优秀的英国人，其优雅和精致程度也比不上钻石。

我们得承认，美惠三女神并不是英国土生土长的女神。自从她们被野蛮人赶出古希腊、古罗马之后，就来到法国避难。在法国，人们修建了许多神庙，对三位女神虔诚参拜。

请仔细思考一下，为什么具有同样品质的人，其中有些人更吸引你、更讨你欢心？你会发现，那些让你赏心悦目的人具有优雅的气质，这是其他人所不具备的。我认识许多女性，她们有着完美的体形、精致的五官，可是却得不到别人的欢心；而另一些身材和相貌都不出众的女性却深受人们喜爱。什么原因呢？因为若是没有美惠三女神相伴，即使是维纳斯女神也会黯然失色，更何况凡人。对男人来说也是如此。我经常看到那些品质优秀、才高八斗的人被人忽视，受人冷落，甚至受到排斥，就是因为他们没有三位女神相伴！而那些缺乏才气、学问浅薄、没什么优点的人，因为有了美惠三女神的相助，反而受到人们的认可、喜爱和赞美。如果没有优雅伴随，美德也会变得大为逊色。

我们很难用一个明确的概念来界定"优雅"，若是你问我是如何掌握它，那么我只能告诉你，自己去观察吧！观察那些你所喜爱之人的言行举止，不断揣摩，以此塑造自己。我可以告诉你具备优雅气质的重要性，可是却无法直接给你这种气质。我热切地希望你能通过自己的努力来培养优雅的气质，因为除此之外，我不知道眼下我还有什么更好的东西给你。为了让你了解一个博学、睿智的长者如何看待这个问题，我托埃利奥特先生捎给你一

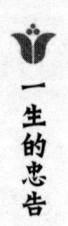

本书，这是洛克先生写的探讨教育的书。其中，你会发现他非常强调优雅，并称之为良好的教养。我已经在书中所有值得你注意的地方做了记号，那些他从婴儿时期写起的部分，你完全可以跳过不看。

虽然比不上英国，德国可也算是个崇尚优雅的国家，所以你在德国的时候最好不要说它不如英国。我认识许多来自都灵的具有良好教养、彬彬有礼的绅士，并不见得比欧洲其他地方少。已故的国王维克多·阿梅蒂费了很大工夫去塑造彬彬有礼、崇尚礼节的臣民；我听说现在的国王也效仿老国王的做法。然而，有一点可以肯定，在各国大使云集的宫廷和议会里，撒丁岛国王身边的使臣最有才干、最讲礼节。因此，你在都灵可以向许多优秀的人学习。记住，最优秀的人就像绘画作品中的古希腊雕像那样罕见。请仔细观察他们的一言一行、一举一动：他们风度翩翩，坦率而不做作；他们不卑不亢，谦逊而不失尊严。牢记他们不失庄重的欢笑以及小心谨慎的真诚。顺带说一下，通过观察我发现，说话技巧对外交家来说非常必要，既可以使他在各种家庭受到欢迎，也可以帮助他在一些公众场合得体地回避一些难以回答的话题。

在我认识的所有人当中，已逝的马尔伯勒公爵堪称优雅的典范。他并没有把所有的精力都投入到追求优雅之中，可事实上，却成就不凡。和许多学识渊博的历史学家总是探究重大事件背后的深层原因不同，我将他的伟大和富有归因于他的优雅气质。马尔伯勒公爵完全是个文盲，不仅英文书写糟糕，而且还常常出现拼写错误。他不具备通常所说的才华，也就是说他算不上聪明，天资平平。可是毋庸置疑，他拥有健全的判断力和清晰的理解力。仅仅这些就足以让他出类拔萃，而且他还有不为人知的更加高贵的一面，马尔伯勒公爵的一切都拜他的优雅气质所赐。这就要提到詹姆士二世的王后，当他还是个近卫军军官时，克利兰德公爵夫人（后来成为詹姆士二世宠爱的情妇）深深地为他优雅的气质所打动，赏给他5000英镑。他拿着这笔钱雇用了我的祖父哈利法克斯，每年付给他五百英镑，在他的协助下为其后来的财富打下基础。他形体优美，风度更是令无数男女难以抗拒。在一生大大小小的战役中，他就是凭着这种迷人、优雅的风度，说服各种互相冲突的力量，将它们融为一个团结的大联盟，并且带领它朝着共同的目标前进。在任何宫廷斗争中，他总能占据上风，把对方纳入自己的控制范围。现已退休的海森斯曾经是一位德高望重的大臣，治理共和州长达40多年。不过他在处理政务方面并不出色，一直受到马尔伯勒公爵的控制。马尔伯勒公爵总是显得很冷酷，从来没人能够察觉出他脸上的表情变化。他拒绝别人时的优雅态度无人可比。即便是某些因为事务上的冲突而离开他的人，对他个人亦无不表示欣赏，至少他的优雅气质能给予别人一点安慰。他如此优雅、温和，没人能比他迅速地看清自己的处境，更好地维护自己的尊严。

　　与你分享经验的同时，我希望你尽快赢得更多。一旦得到出使国王子或大臣的信任和尊重，我相信会对你非常有利；否则，你在国外的出使将比登天还难。不要误会，以为我如此急切地推荐给你的优雅只适用于重大场合。不！不是这样的。如果可能的话，处理细节也需要优雅的风度。如果你忽视这些细节上的优雅，你将难有所成。例如，我非常关注你喝咖啡的姿势是否优雅，会不会把咖啡溅出来。我不希望听见你说话含混不清、结结巴巴，或者迟疑不定。如果我看见你衣衫不整、鞋带松散，那我肯定无法忍受；如果让我发现你对我的忠告置若罔闻，那么我会马上从你身边走开，绝不会张开双臂拥抱你。

这封信已经接近尾声，这个话题涉及言行的各个方面，短时间内难以穷尽，那我就此打住吧。我热切地期盼着你能成为尽善尽美之人，因此总觉得自己说得还不够，不过你可能认为我很啰唆吧。事实上，只要你还缺乏足够的判断力，行事不够理智，那么我或者其他任何人对你提出忠告和建议仍然很有必要……

——第32封信——
何谓必要的品质

迷人的风度、得体的谈吐、优雅的举止,这些必要的品质对于伟大的才干和杰出的成就来说是有益的补充。

亲爱的孩子:

拥有过人的才干和崇高的品格,会让你赢得人们的敬佩;而具备某些必要的品质,则会让你博得他们的好感。若是缺乏这些品质,即使再能干、再高尚的人也难以获得人们的青睐,相反还会引起别人的恐惧和忌妒。要知道这两种情感与喜爱、友好是天生的仇敌。

恺撒具备人类所有的恶习,加图拥有人类所有的美德。然而,恺撒身上生长着加图所没有的品质,这使他更易赢得民心,受到人们的爱戴,甚至敌人的尊敬。而加图甚至被朋友疏远、排斥,可他身上的美德又让人不得不肃然起敬。我常常想,如果恺撒没有这种必要品质,而加图具备了这些品质,那么前者实现罗马自由的可能性就大打折扣,而后者更有可能保护罗马的自由。

阿狄森先生曾经在其著作《加图》中,提到过"必要的品质":温和、亲切、礼貌和幽默感。才智过人的学者、胆识超群的英雄、德行兼备的斯多葛主义者,自然会受到人们的敬仰;可

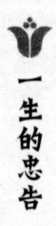

如果学者傲慢无礼、英雄残酷暴戾、斯多葛主义者古板严谨，那么他们永远不会受人爱戴。瑞典的查尔斯十二的英雄事迹（若是他那残忍的胆识也值得用这个词来形容的话）受到人们的普遍赞赏，可是却无人喜爱他。相反，法国的亨利四世胆识过人，浴血沙场，加上这些美好的品质和社交才能，所以赢得人民的爱戴。

作为一个常识，我们对事物的理解总是受到情感的左右，而要提高理解力的唯一途径就是摆脱情感的束缚。傲慢的人表现出来的礼貌常常比他的粗鲁更让人难以接受。他总认为自己的态度已经够谦虚了，而且他的仁慈是建立在对方没有任何要求的基础上。吝啬鬼表现出来的慷慨大方常常触及别人的悲痛。他有意让你感到自己的不幸，或者意识到自己跟他的情况相差甚远，遭受这样的不幸是你命该如此。傲慢自大的老学究并不喜欢与人交流思想，而是向人灌输他那套理论。他并不是传授你知识，而是把知识强加给你。他最想看到是你的无知，而不是真想帮助你提高学识。类似的情况，不仅出现在我给你讲过的一些事例中，而且在日常生活中俯拾皆是。

迷人的风度、得体的谈吐、优雅的举止，这些必要的品质对于伟大的才干和杰出的成就来说是有益的补充。这些品质令人印象深刻，有助于人们发现你身上更伟大的品质。再见！

——第33封信——
怎样获得必要的品质

坚持与最优秀的人往来,你就会逐渐变得像他们一样优秀。注意观察他们的言行举止,那么你很快跻身优秀人物之列。

亲爱的朋友:

如果把你的知识比喻作一幢大厦的话,那么它的主体部分即将建成。目前我唯一关心的是你将用什么来装饰这座大厦,这项工程将耗费你大量的精力。若是主体不够牢固,那么即使运用最优雅的品质来装饰,也会显得轻浮、浅薄;没有牢固的主体,一切装饰都是徒有其表。例如,有这样一个人,虽然学识浅薄,可是长相出众,演讲富有激情,言行举止优雅得体——总之,他身上具备一切必要的品质;另外一个人,有着敏锐的洞察力和渊博的学识,但却没有上述优点。前者在追求、讨好各色人物的时候相比后者优势明显,可实际上,这两种人之间毫无可比之处。那么是否任何人都可以学得这些品质?答案是非常肯定的,只要他乐意经常与上流社交人士交往,并且用心观察和模仿他们的优雅言行。

当你发现一位公认的讨人喜欢、举止得体的人时,请留心观察他与上司说话的方式,观察他如何与同辈相处,以及他又是如何对待下等人的；注意他在上午会客、中午就餐或是晚间娱乐时谈话主题的变化，模仿他们的言行举止。切忌为了逗乐而拙劣地模仿他人，你要做与他们一样的杰出人物，不要做他们的复制品。当你第一眼见到某个人就被他深深地吸引，自然而然对他产生好感，你也不清楚为什么会有这种感觉；经过仔细观察和分析就会发现，他身上具备了许多迷人的品质——态度温和谦卑，举止文雅不造作，神色开朗快活，穿着得体不浮华。请你好好模仿他的这些品质，但是，不要做出奴性的姿态，而要像最伟大的画家临摹模特那样，使摹本与本体一样能够充分表现美与自由。你会发现他们说话、做事都很小心，至少会照顾他人的虚荣心和自尊心，与他们相处十分融洽，让人顿生好感。他们待人宽厚而不失敬意，时时关心别人，让人觉得很温暖很舒适。

　　这些讨喜的本领通过学习和效仿的途径可以获得。事实上，我们身上很多品质都来自于模仿。关键在于要选择优秀的对象进行模仿，然后仔细地加以研究。人们不知不觉地受到经常与自己交谈的人的影响，不论是风度、举止，还是他们的优点、思维方式，甚至他们的缺点。事实确实如此，许多人经常与睿智的人交谈，结果自己也变得相当聪明。因此，坚持与最优秀的人往来，你就会逐渐变得像他们一样优秀。注意观察他们的言行举止，那么你很快跻身优秀人物之列。与人交往不可避免会受他人影响，即所谓的"近朱者赤，近墨者黑"，所以你要尽量避免与下等人接触，因为每个人身上都不乏缺点。时至今日，你很少有机会跟举止得体的人来往。毫无疑问，威斯敏斯特学校是汇聚缺乏教养、举止粗鲁之人的中心；莱比锡也没法培养出言谈得体、举止优雅的人；我认为威尼斯在这方面做得还可以；而罗马，希望会做得更好些；我敢肯定，巴黎能使你提高教养。只要你经常与巴黎的上流社交圈保持来往，不断纠正改善自己的言行举止，必定能以优异的成绩从巴黎这所大学堂毕业。

我还要附上一张表格，列举所有需要你具备的必要品质（没有这些，任何人都不会讨人喜欢，也不可能在上流社会获得成功）。我担心你目前还没有完全掌握它们。

1. 不管使用何种语言说话，都要优雅、得体；否则，没人乐意做你的听众，结果必然是你没法达成你的所愿。

2. 演讲要令人信服、简洁明了；否则，不等你讲完人已经走光了。没有演讲天赋的人要掌握这门技能。你并不缺少天赋，演讲的时候更要学会完全掌控局面。在这方面，你做起来应该比德摩斯第尼容易。

3. 言行举止要彬彬有礼。凭着自身准确的判断力和敏锐的洞察力，刻意模仿上流人士优雅的举止和风度，你完全能够培养这方面的才能。

4. 仪表整洁，穿着得体。学生时代不讲究穿着或可原谅，可是踏入社会就不能再不修边幅了。

一个人不掌握这些必需的品质和才能，想要完善自己的品性和修养，就无从做起。再见！

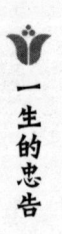

第34封信
保持高贵的仪表

> 粗俗的言谈和笨拙的举止会降低一个人的身价,因为这些行为无形中暴露了他的缺陷。

亲爱的孩子:

让我们继续来讨论人以及人的品性和举止的吧,当然还少不了我们对社会的思考。这些不仅有助于你塑造完美的品性,而且也可以帮助你了解他人。这门学问适用于各个年龄阶段的人,尤其是像你这样的年轻人,学习和掌握这门学问是当务之急。可是,人们并不关心年轻人是否懂得这方面的学问,也不认为自己肩负着教导他们的责任。学校里的老师只负责教他们学习各种语言和科学知识,却没有教会他们为人处世的道理;他们的父母亲要么漠视孩子这方面的教育,要么认为把孩子扔到社会上去历练(他们常这么说)才是最有效的方法。确实,让孩子到社会上去历练可以让他学会如何为人处世。"纸上得来终觉浅,绝知此事要躬行。"话虽如此,可是在年轻人游历如迷宫般错综复杂的社会之前,作为有经验的旅行者,至少可以提供给他们一张粗略的地图吧。

要塑造可敬的品行,必要保持高贵的举止。

嬉戏打闹、大声喧哗、插科打诨、尊卑不分,这些行为都会使知识和修养蒙上阴影。这样的人最多只是个消遣的玩伴，却无法得到人们的尊重。一个人如果不分尊卑，一方面可能开罪你的上司，减少他们对你的信任；另一方面也可能让你的下属得寸进尺，经常让你为难。经常爱开玩笑的人就像小丑，只会让人觉得庸俗、粗鲁，与才智毫无关联。有影响力的人，不管是谁，若是其被关注的焦点不在他的美德和举止上，那么这个人在群体中就不会受人尊重，不过是被人利用他某方面的特长罢了。我们往往会邀请这样的人参加舞会，因为他擅长歌舞；也会邀请他共进晚餐，因为他善于说笑；我们还会邀请精通各种玩乐的人，或者酒量极好的人。这些人的特长或爱好都是低俗、可鄙的，根本无法换取人们的尊重。无论是谁，若仅仅因为以上提到的某个特长而被群体接受，而在其他方面乏善可陈，那么这个人不被人们尊重；只有当他的特长可以派上用场的时候，人们才会暂时关注他一下。

　　粗俗的言谈和笨拙的举止会降低一个人的身价，因为这些行为无形中暴露了他的缺陷。

　　高贵的举止（我如此热切地向你推荐）不同于傲慢自大，正如真正的勇气绝不是恫吓人，真正的风趣也不同于低俗的说笑。高贵的举止与傲慢自大完全是两回事，因为没什么比傲慢自大更贬低、更侮辱一个人了。傲慢自大的人不仅得不到别人的尊重，还常常遭到讥笑和蔑视。就像对那些漫天要价的商人，我们往往会杀他一个极低的价格；而对那些出价合理的商人，我们就会乐意接受。

　　可鄙的谄媚、盲目地附和同不分青红皂白地辩驳、闹哄哄地争吵一样，令人生厌。反之，适度地坚持自己的观点，礼貌地赞

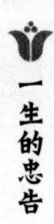

同他人的意见,则会赢得人们的尊重。

卡迪诺·德·瑞兹告诉卡迪诺·齐格,说他用了三年的笔现在依然很好使,以此向卡迪诺·齐格证明没必要关注琐碎的细节。有些琐事根本不值得我们片刻的思考,假如对它们表现出愚蠢的好奇心或给予过分的关注,会降低一个人的档次,人们就会认定(并不是非常恰当)他成不了大器。

外表的严肃与行为的庄重很容易赢取人们的尊敬,但这并不排斥风趣和幽默,因为它们本质上都是严肃的。而满脸假笑、动作粗鄙,只会给人留下轻浮的印象。做事雷厉风行会让人觉得他非常重视此事,这与做事草率完全是两码事。

就像人们通常以为的那样,我上面提到的这些缺点,可能会掩盖原本有价值的个性,甚至还会有损道德品性。它们的影响显而易见,就像一个臭名昭著、劣迹斑斑的家伙也会鼓吹自己的尊严,而一个忍气吞声、习惯受他人颐指气使的人会装得很有勇气。然而,这种注意保持庄重、得体的外在行为至少可以阻止他们继续沉沦,若是连外在的掩饰都不顾,那么他们就真的无可救药了。请经常翻阅西塞罗的著作,用心体会那些谈论如何培养高贵举止的精彩纷呈的章节。

接下来,我将送你一幅宫廷"地图",这是你以前从未涉足过的领域,可是有朝一日你必将置身其间。这条路迂回曲折,弯道密布;有时缀满花朵,有时布满石楠;在平坦、愉悦的大道下时时隐藏着泥泞和深渊;所有的道路看似平滑,可每走一步都危机四伏。当你首次踏上这个地方的时候,一定要保持正确的判断力和理解力。此外,你还需要经验的指导,否则,你随时可能跌倒或误入歧途。

——第35封信——
风度的培养

处处留心、全神贯注可以培养斯文从容的风度；粗心大意、心不在焉则一无是处。

亲爱的孩子：

在之前的信中，我常跟你提及，美德本身能为你带来尊重和敬仰，若是辅之以渊博的学识，则足以使你获取人们的钦佩、拥有可贵的品质能令你受到人们的爱戴，甚至遭到他们的追捧。在这些品质中，良好的教养是最重要，也是必不可少的。因为它除了本身就很重要，还能提升已有的美德。如何培养良好的教养，我以前常跟你讨论，在此就不赘述了。

现在我们来谈谈第二种品质——斯文从容的风度。

不管斯文从容的风度听起来多么琐碎，可在日常生活中它却能确确实实地取悦于他人，尤其能让女士喜欢（你迟早都会觉得它很有用）；而且还能让人在看见你的第一眼就喜欢上你，真心地崇拜你、亲近你。你要尽力避免各种骗人的伎俩、恶俗的习惯或笨拙的举止，即便是在许多可敬的、明智的人身上，这些缺点也在所难免。我知道很多人因为举止笨拙给人的第一印象不太好，而且在以后的交往中，人们也没有兴趣再去发掘他身上的其他优点。

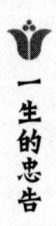

以下两个原因造成笨拙的言行举止：没有与上流人士交往的经验，或者虽然与上流人士交往，但却不注意观察他们的言行。我建议你经常与上流人士交往，留心观察他们的言行，以完善自己的品行。处处留心可以避免笨拙，正如专心才能把事情做好。一个人若是不能处处留心、专心致志，他就不适合在这个世界上生存。

让我们来看看行为笨拙的人在日常生活中是如何表现的。他刚进门，就被佩剑绊住双脚，跌倒在地。等他从这次意外中恢复神态，又陷入另一种困境：他不小心弄丢了帽子，弯腰去捡帽子的时候，又把手杖扔在地上；等他去捡手杖，帽子再次掉到地上；等他终于坐定，一刻钟已经过去了。他喝茶或喝咖啡的时候，要么喝得太急烫到嘴巴，要么不小心打翻茶杯或碟子，把茶或咖啡溅到长裤上。他用餐的时候，拿刀、叉、汤勺的手势跟别人不一样：用刀进食，容易割破嘴巴，用叉子剔牙齿，还把汤勺放到不同的碟子里，品尝各种菜肴。他切肉的时候，永远找不准下刀的部位，而总是跟骨头较劲，结果把汤汁都甩到别人脸上。尽管他下巴围着餐巾布，可还是吃得满嘴流油。他喝酒的时候，冲着酒杯咳嗽，还把酒洒在同伴身上。他无所事事的时候，压根儿不知道该把手放哪儿。此外，他的穿着也跟别人不同。所有这些，即使称不上罪恶，可也足以招人厌烦和嫌恶，所以在与心仪的人交往时应当小心谨慎地避免出现此类行为。

我跟你举这些例子，意在说明应该避免哪些行为，从中你可以得出自己的判断，知道在这些场合你该怎么做。留心观察时尚人士和阅历丰富人士的行为举止，让自己尽快习惯并熟悉斯文从容的举止风度。

笨拙的言辞和表达方式，也要小心避免。蹩脚的英语、错误的发音、老掉牙的俗谚，这些无形中会暴露出你的不足，素质低下，常与下等人为伍。例如，你原本想表达每个人的口味不同，且都有其独特之处这个意思，可是你却选择这个谚语："一个人的佳肴可能是另一个人的毒药。"如此一来，所有人都认定你交往的人尽是脚夫或女仆之流。

没法专心做事的人必然是缺少思考的人，他们不是傻子就是疯子。我认为这两者并无实质性区别：傻子从来不会思考，疯子丧失思考能力，而心不在焉的人从来是人心两地。处处留心、全神贯注可以培养斯文从容的风度；粗心大意、心不在焉则一无是处。对任何事都留心观察，而且还要观察敏锐，这样你就不需要一直盯着对方，随便瞥几眼就能让周围的一切了然于胸。这种迅速的、不被察觉的观察能力在生活中将带给你巨大的好处，不能忽略了它。

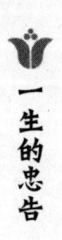

——第36封信——
言行要得体

庸俗的人往往喜欢吹毛求疵、无端猜疑、小肚鸡肠、斤斤计较。在群体中,他总是怀疑自己受人轻视,猜测别人说的每件事每句话都在针对自己。

亲爱的孩子:

言语莽撞和思维庸俗,不仅反映了一个人教养的缺乏,而且也可以从中看出他交往的朋友素质不高。年轻人在学校里不受管束,又喜欢混在下等人里聊天,因此极易染上这种恶习。当他们与上流人士交往之后,就会开始留意自己的言行。事实上,若是他们依然我行我素,将会被上流社交圈排斥。粗俗的表现形式多种多样,在此我不能给你一一列举。我只给你举几个例子,其余的你可以举一反三。

庸俗的人往往喜欢吹毛求疵、无端猜疑、小肚鸡肠、斤斤计较。在群体中,他总是怀疑自己受人轻视,猜测别人说的每件事每句话都在针对自己。如果周围的人突然大笑起来,他就认为是在嘲笑他,于是变得怒不可遏,粗鲁、莽撞地回击对方。他时常炫耀自己的个性、特点,希望给人留下良好的印象;结果往往适得其反,更令自己尴尬。有教养的人从不在乎自己是人们思考、注视和谈论的主要对象,也从不疑心自己被人轻视或嘲笑,除非他意识到自己的言行确实该受到轻视。假如（这很少发生）这个群体的成员个个荒谬无比或者缺乏教养，真的做出嘲笑或侮辱他的事，那么他也不会放在心上，除非这种侮辱非常明显，他必须要作出回击。大度的人绝不会计较鸡毛蒜皮的事，也不会对此耿耿于怀、暴跳如雷。庸俗的人言谈中常透着一股浓烈的自卑之气，反映出自身以及同伴的素质低劣。这种人把所有的注意力都倾注在自家的那点事，喜欢对仆人指手画脚，热衷探听邻里的私事，谈论起来眉飞色舞、煞有介事。

　　语言粗俗能让个人的教育水平以及交往同伴素质的低下暴露无遗。有教养的人会尽量不说粗话，而庸俗的人在言谈中喜欢引用粗俗的谚语。若是他想表达每个人的口味不同，总会搬出那句经典的谚语："一个人的佳肴可能是另一个人的毒药。"若是有人想对他耍小聪明，那他就会以牙还牙，马上付诸实施。他嘴上总挂着几句口头禅，而且不分场合，比如，他常说"气死了""好死了""帅死了""丑死了"等。为了修饰话语，他经常使用艰涩难懂的词，就像"学识渊博"的妇女那样错误百出。即便是一些普通词汇的发音，他都会带上某种粗俗的特征。他常把"earth"读作"yearth"，把"obliged"念成"obleiged"，还把"towards"拆开来说成"to wards"，诸如此类。有学问的人从来不说俗套的谚语或陈词滥调，也没有所谓的口头禅，更不会用艰涩难懂的词造句；他力求用词得当、语法规范、发音准确，而这一切都是上流人士的说话习惯。

　　粗鲁的态度、拙劣的行为以及某种程度上的"不协调"（要是允许我用这个词的话），上流人士会直接把他视作是来自于下流社会的劣等人。很难想像，他跟上流人士交往，却无法学会他

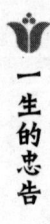

们优雅的言谈举止。在部队里，若是有人操练时显得笨手笨脚，一眼就可以看出他是个新兵；可要是一两个月之后，他还不能准确地完成最基本的动作，那么这个人肯定愚不可及。粗俗之人会把有教养之人的服饰当做累赘，帽子要是不戴在头上，就不知道该放在哪儿；他的手杖（要是他不幸有手杖的话）常常会打翻茶杯或咖啡杯，最后难免掉在地上；他腰间的佩剑则对他的双腿构成威胁；他的衣服极不合身，紧紧地裹在身上，使他看起来像是衣服的奴隶而不是主人。在社交场合，他活像是在接受审判，而他猥琐狼狈的举止也确实像个罪犯。有教养的人绝不愿意与庸俗的人做伴，就像品德高尚的人不屑与品质低劣的人为伍。所以，庸俗的人出身再高贵，也只能与品性低劣的人交往，陷入深渊，不能自拔，永无出头之日。

　　优雅的风度和举止能够帮助内在的美德和学识得到更好的展现，就像光泽之于钻石。没有光泽的钻石，不会受人青睐，不会被人佩戴。不要以为这些东西只适用于妇女，其实它们对男人也很重要。在公众集会上，一位演讲者风度翩翩、举止优雅、体形优美、仪态从容，另一位的演讲同样精彩，只是缺少这些必要的装饰。可想而知，前者占有的优势有多大！在职场上，优雅、得体的言行同样重要。如果缺少它们，将会造成很大的损失！具备这些品质的人，不会无礼地拒绝别人，因而不会得罪对方。这些品质在朝廷或是谈判桌上尤为重要。你若是具备这些品质，那么不管对方戒备多么森严，最终都会因为你的品性而放松戒备，暴露自己的隐秘，而这些秘密十有八九对你非常珍贵。只要意识到优雅风度的重要性，相信你就会以此为目标，锲而不舍地展开追求。

——第37封信——

礼貌待人

待人礼貌是必要的,除此之外还需要从容自若的神情和绅士般优雅的举止。

亲爱的孩子:

上个星期天你在波顿先生家的表现非常得体,确实令我欣慰。另外,你还希望从我这里得到一些礼貌和教养方面的建议,并且向我保证你会遵行不悖。

学问、名誉和美德是我们在人群中收获尊重和敬仰的必要条件,而文明礼貌和良好的教养则使你在谈话和公众生活中受到好评。伟大的天才、德高望重、学识渊博或才华横溢之人,总是显得卓然不群,让人高山仰止。然而,具备必要品质的人,例如端庄、和蔼、亲切、愉悦的言谈举止,能够让人感受到舒适和自在。

多数情况下,良好的教养取决于准确的判断力。同样的事情发生在不同的场合,人们的表现却会迥然不同——有的人彬彬有礼,有的人野蛮粗鲁。可是,仍存在适用于各种情况的普遍的规律。例如,有些人面对别人的提问时只会简单地回答"是"或"不是",如果根据对方的身份加上"先生""阁下"或"夫人"等尊称,那就会被视为很有礼貌的行为。就像在法国,回答

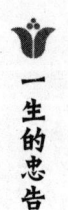

时不加上"先生""大人""夫人"或"小姐"等称呼，会被视作对人不敬。想必你应该知道，在法国，称已婚妇女为"夫人"，称未婚妇女为"小姐"。

假如你走进房间径自挑了个最好的座位，或者在餐桌上专门挑自己爱吃的菜，一点儿都不顾及别人，那么不用我说你也知道，这是非常粗鲁、失礼的行为。相反，你应当竭尽所能，处处照顾身边的人。

同样，当别人向你提问时，你注意力分散，回答牛头不对马嘴；或者别人同你交谈时，你径自走开，去忙着做其他事情，这些都是非常不礼貌的行为。因为你的表现会使他们误解，认为你在轻视他们，不屑于倾听或回答他们的话。

待人礼貌是必要的，除此之外还需要从容自若的神情和绅士般优雅的举止。法国人在这方面做得非常出色，你应该观察一下他们的言谈举止。他们与人交谈时彬彬有礼、舒适自然，完全不会让人感到尴尬。而英国人在这方面做得就不够好。他们与人交谈时显得笨拙粗鲁，尽管他们也想彬彬有礼，可是又羞于表现。请记住：千万不要耻于做任何正当的事情；若是你的举止不文雅，你可以有无数感到羞耻的理由；可如果你的行为彬彬有礼，那还有什么理由觉得不自在呢？当你与人交谈时，为什么不能像询问时间那样说得轻松自然又不失礼貌呢？腼腆，法国人称之为"假谦虚"，正是典型英国人的特征。他们与时尚人士交谈时，害怕暴露自己的土里土气；回答别人时，常常紧张得话都说不连贯，甚至自己都不知道在说什么，又会敏感地认定对方在嘲笑自己。真正有教养的人即使跟国王交谈，也能做到从容、有礼。

亲爱的孩子，恳请你牢记我的这番教诲，并且在行动中表现出来，哪怕只维持短短的半天时间也行。仔细观察有教养之人的言行举止，尽量模仿，不，要努力超越他们。你要相信，良好的教养之于世间所有的品质，就像仁慈之于基督教的美德那样重要。观察良好的教养如何修饰优良的品质以及如何弥补缺点。希望你用良好的教养来装点你的优秀品质，而不是去掩饰你的缺点和不足。

一方面，你可以凭着自己的判断力从上流人士身上学习他们的言行举止，从而改善自己言行；另一方面，你也可以观察平民百姓的言行举止，尽量避免言行粗俗。尽管这两类人可能说或做着同样的事情，但表现却截然不同。比如，身份卑贱的农民跟上流社会的绅士一样，都要说话、做事、吃穿，可是外在表现却完全不同。因此，言行举止恰当得体，尽量避免粗俗，我相信你完全可以做到。

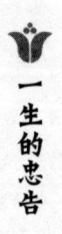

——第38封信——
培养良好的教养

没有良好的教养,你所有的品质都将是不完美的,黯淡无光的,甚至在某种程度上可以说一无是处,没有任何意义。

亲爱的孩子:

从你出生的那天起,我就确立了一个伟大的目标——尽可能把你塑造成一个完美的人。为了实现这个目标,我不惜投入大量的精力和财力,让你接受最好的教育,因为我深信,教育造就伟人。

在你尚小的时候,我就致力于培养你的美德和荣誉感,直到你真正领悟它们的内涵,并且自觉地把它运用到言行举止中,用行动来诠释美德和荣誉感的内在美。这方面的规则就像语法知识一样需要你牢牢记住,而且我相信,你对其已经有了明确、深刻的理解。事实上,这些规则简单明了,只需具备一定的理解力,加以适当地训练就可以掌握。沙夫茨伯里伯爵曾说过,他之所以坚守道德,完全是为了自己,与别人毫无关系;而他之所以洁身自好,也是为了自己,不在乎别人是否看得见。因此,当你终于能够理性地看问题时,我就不再写信跟你讨论关于美德和荣誉的问题,因为你完全可以自行体验到它们的重要性。我只是提醒你，千万要注意自己的一言一行，切不可染上恶习或者做出有辱身份的事；否则，就像掉进污泥或者火坑里，你将难以自拔。

除了美德和荣誉之外，我还希望你尽可能全面地掌握各种实用的知识，这不仅是为了我，也是为哈特先生，更重要的是为你自己。你目前掌握的专业知识远超出我的期望，而且我也有理由相信，你会以实际行动向我证明，你不会辜负我的期望。

那么，孩子，请培育良好的教养吧，这是现阶段我对你唯一的要求，也是我唯一的建议、劝告和请求。没有良好的教养，你所有的品质都将是不完美的，甚至在某种程度上可以说毫无意义。现在我很担心，并且有充分的理由相信，你在这方面做得还不够。因此，接下来我就跟你好好谈谈这个问题。

有位我们共同的朋友曾给"良好的教养"下过一个公正的定义：具备健全的理智和良好的本性，为了他人能自我否定、自我检讨，以得到对方的宽恕和谅解。对此，我曾经深信不疑（这是毋庸置疑的），可是事实却惊出我一身冷汗：许多人格健全、本性善良的人并不具备良好的教养。

那么，良好的教养有哪些具体的表现呢？事实上，它并没有固定、统一的形式，总是因人、因时、因地而变化，并且只有通过观察和亲身体验才能获得；可是，所有的良好教养，就其本质而言都是一样的。

正如国家制定法律用来保障高尚品德的推行，或者至少用来抵制不道德行为产生的负面影响。在特定的社会里，良好的教养就像高尚的品德，对整个社会起着团结和保障的作用。同样，人们制定某些特定的礼貌原则（普遍被大众认可）以保障良好的教养、惩罚不良的行为。其实，我认为对不道德行为的惩罚与缺乏

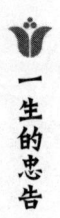

教养受到的惩罚并不像人们一开始想的那样有着天壤之别。一个不道德的人，侵犯了他人财产，就该判处绞刑；一个缺乏教养的人，冒犯或打扰了他人宁静和舒适的私生活，就该逐出社会。正如国王和臣民之间保护与服从的关系，彼此彬彬有礼、懂得关心他人、愿为别人牺牲自我，这已经成为文明人之间不言自明的契约。无论是谁，若是违背了这项契约，就会丧失所有契约中规定的特权。在我看来，除了能意识到自己做了好事之外，还要意识到自己做了文明之事，这是最令人愉悦的。现在，我就来跟你探讨一下良好教养的表现形式，以及它所能达到的高度。

第一种表现形式——从容自如地向上司表达敬意。

几乎没有人不会对自己的上司（比如国王、王子、地方上的显赫人物），表现出适当的敬意。可是，不同的人表达敬意的方式却不尽相同。若是社交圈中没有令人敬畏之人，那么成员往往表现得散漫无礼、任意妄为。尽管不会太离谱，可是毕竟有损形象。既然社交圈中有德高望重之人，那么每位成员都可以显示自己具备文雅的举止和良好的修养。时尚人士和处事圆滑之人，能够从各个方面从容自如地表达对上司的尊敬；而不习惯与上流人士交往的人，在表达敬意的时候就显得极为笨拙，很明显疏于此道，而且还会为此付出很大的代价。至今，我还从来没见过哪个素质极差的人——经常懒散地坐着吹口哨、老是抓耳挠腮、言行下流猥琐的人，能够在他所看重的社交圈里待下去。所以在这个圈子里，唯一需要注意的就是以从容、自然、优雅的方式表达对人的敬意。这点你可以从对上流人士的观察和体验中学得。

第二种表现形式——同辈之间应该平等相处。

无论是谁，能不能做到与其他成员平等相处，是决定他能否被这个群体接纳的首要条件。所以,你要牢记,成员之间可以轻松自在地相处,但是万万不可粗心大意、放松警惕。假如有人跟你交谈,可是表达不清或者态度轻浮,这可比粗鲁更加恶劣,在你看来,简直是一种残忍的折磨。此时,你可以表现出对他所说的话毫不在意,把他当成傻瓜或笨蛋。对妇女而言更是如此,不管她们身份如何,考虑到其性别,男人应该对她们多表示一点关心,时时表现出绅士风度;关心她们小小的愿望、好恶、想法甚至毫不相干的东西,经常奉承她们;要是可能的话,不妨揣摩一下她们的心思。绝不要一味地贪图小便宜,比如总是挑选最好的位置,专吃最美味的菜肴,等等;相反,应该谦虚地拒绝,礼让他人,这样一来,别人也会对你谦让。如此,才能享受应有的权利。这样的例子比比皆是,若是你的理智还不足以使你认识到这些,那么良好的本性将会告诉你它有多重要,而你自身的兴趣也会在行动中帮助你强化这种认识。

第三种表现形式——与最亲密的人相处也保持着良好的举止。

毫无疑问,当人们与最亲密的朋友、熟人或者下属相处的时候,总是表现得更加轻松自然,使我们的家庭生活和社交生活更为舒适自在。可是,这种轻松和自由也要有度,而且绝对不可以逾越。对那些地位低下的人来说,一旦过分忽视,则构成一种伤害或冒犯;对朋友来说,原先轻松自在的谈话也会因此被破坏。

道理不如事实有说服力。我可以给你举个例子。假设你我两人单独相处,我相信我拥有无限的自由,就像你我在其他社交圈中享有的一样,而且我也相信你会像其他人一样纵容我的自由。尽管如此,你有没有想过这种自由是不是应该有个限度呢?是

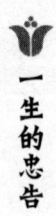

的，我认为自由应该有一定的限度。我会约束自己，对你表现出良好的言行举止，对其他人也是如此。假如跟你在一起时，我经常哈欠连天，甚至发出打鼾声或者随意打断你的话；假如你跟我说话的时候，我明显表现出漫不经心的态度，自始至终都在考虑别的事情，那么我肯定认为自己举止粗鲁无礼，而且也不敢指望你还会跟我继续交往。不，即使是最亲密、最熟悉的关系，也需要良好的言行举止来维持和巩固。即便是日夜厮守的夫妻或情人，如果他们彼此毫无顾忌，不再彬彬有礼、相互谦让，那么他们之间的这种亲密很快就会沦落为低俗的关系，不可避免地导致相互憎恶或轻视。哪怕是圣人也有其阴暗的一面，若是轻率地表现出来，也会被视为缺乏教养。当然，我与你相处时不会过于讲究礼节，那只会使我俩的关系别扭；我会尽量展现自己最好的一面，首先就是行为得体，如此，我们才能保持融洽的父子关系。

关于良好的教养，我已经说得够多了，还是暂且打住吧。以后，我还会经常跟你讨论这个问题，以便进一步加深你的印象，让你铭记在心。现在，我用几句话来做个总结：

缺乏教养的人，不适合待在上流社交圈中，也不会受到上流人士的欢迎；结果，他自己也会很快厌恶这个圈子，过上离群索居的生活，或者更糟的是，他甘愿沦落到与品性卑劣的人为伍。

缺乏良好教养的人，难成大事，就像他难以融入上流社交圈一样。

只有渊博的学识，缺乏良好的教养，这种人不会受人欢迎；他的学识只适合束之高阁，没有任何作用。

记住，凡事都要讲礼貌，而且还要表现得轻松自然（所谓的良好的教养），这样才能被群体接纳并且受到欢迎；最令人难以忍受的是缺乏教养、举止粗鲁；与人交往表现出来的腼腆，不仅失礼，而且相当滑稽可笑。我确信你会把我的话牢记在心，并且付诸行动。我希望你不仅成为最优秀的学者，而且还能成为全英格兰最有教养的小伙子。

第四辑 善养吾气

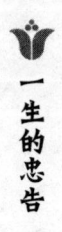

——第39封信——

礼贤下士

> 因此,你不仅要尊重仆从,而且还要对他们以礼相待,这也能体现良好的教养。

亲爱的孩子:

上周你表现得十分优雅,和同龄的英国小伙子相比,你更为出色,有点绅士风范了。继续保持优雅的举止,并不断学习为人处世之道,等你长大成人之后,就会成为受上流社会欢迎的人(这正是我所期望的)。借助良好的教养,你最终会成为英国最受人喜爱的绅士。

生活中处处需要良好的教养,不仅体现在与各种有身份地位之人的交往中,也表现在对待出身卑微之人的举止中。卑微并不是低贱,卑微者也有良好的本性和仁慈之心,只不过身份、地位比不上我们而已。因此,你不仅要尊重仆从,而且还要对他们以礼相待,这也能体现良好的教养。可是,我也知道某些自认为各方面都很优越的人,对待仆从的态度总是十分恶劣。这种人傲慢无礼、冷酷无情,我可不希望你像他们那样。

当你吩咐仆从(在上帝眼中你们是平等的)做事的时候,过于生硬的语气是不礼貌的,请尽量使用柔和的口气恳请他们,比如,"请你这么做""我希望你"等。你肯定想像不到,这种柔和、愉快的口吻能令你成为仆人爱戴的主人，众人喜爱的绅士，即使是最冷酷之人也会被你感动。

良好的教养随时随处可见，请你留心观察、模仿上流社会的优雅，这些必要的、愉悦的举止值得你用心揣摩和学习。假如有两个才能相仿的人做同一件事，一个有着良好的教养，举止优雅迷人，而另一个忽视必要的礼节，待人粗鲁无礼，很显然，前者所能获得的成就，将远超后者。

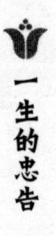

——第40封信——
仪表和个人清洁

他们从来不纠正孩子在学校里染上的坏毛病,也不在意他们在大学里养成的粗俗行为,更不关心他们在游学时养成的傲慢无礼的态度。

亲爱的朋友:

当你看到这封信的时候,可能会觉得我谈论的问题有些奇怪。如果你把它们单独列出来看,可能确实如此,不过把它们放在一起,你就会发现它们的重要性——关系到上流人士的仪表是否得体。至于如何培养优雅的举止、潇洒的风度以及雄辩的口才,之前我已经说过许多,在此就不再赘述。现在,我要和你谈的是穿着打扮和个人卫生。

在巴黎期间,请你务必注意自己的穿着打扮,要使你看起来像个时尚人士。得体的穿着打扮不仅包括服饰的面料、做工、品位,也包括服饰是否合身,搭配是否得当,能否更好地表现绅士风度。一套华丽的服饰,如果做工很蹩脚,穿起来就显得很别扭、很不自然。所以,你要请法国最好的裁缝给你量身定做所有的服饰,不仅款式要新颖,而且还要非常合体。你可以像上流人士那样,要么将衣服扣紧,要么将衣服敞开。找法国最好的理发师,请他为你理发,因为发型也很重要。你还要注意长袜一定要吊紧，鞋子一定要扣好。下身的穿着同样重要，否则必将给人留下不修边幅的印象。

讲究个人卫生，随时保持牙齿、双手和指甲的整洁，这是我要在这封信里跟你强调的第二个问题。不注意口腔洁净不仅容易导致口腔内部的腐烂，引发牙痛，而且散发出让人厌恶的恶臭。因此，我要求你每天早晨起床后第一件事就是刷牙，先用柔软的海绵刷四到五分钟，然后用温水漱口五六次。我希望你一到巴黎就派人去请莫顿医生，他会给你开一些鸦片剂和少量的酒精以备不时之需。此外，肮脏的双手、参差不齐的指甲会令你看起来粗俗不堪。我相信你肯定不会一至于此，可是仅仅避免这些还不够，你还得让自己的指甲尖保持光滑、整洁，千万不要像普通人那样指甲缝里藏污纳垢。指甲尖必须呈圆弧形，要做到这个很容易，只需勤剪指甲就行了。经常搓手，摩擦指甲背上的皮肤，这么做会阻止它生长变长。保持其他部位的干净、整洁，也有利于你的身体健康。每天早晨都要清洗你的耳朵。不管何时，只要有机会，就用手帕擤干净鼻子。我还得提醒你，千万不要像大多数人那样当众挖鼻子、揉眼睛。在别人看来，这种粗俗、下流的举动相当无礼，惹人厌恶。我宁可看到一个人用手挠臀部，也不愿看到他抠鼻子。

说到这里，我忍不住想，如果这封信让一个一本正经的老顽固或长期隐居的老学究看到，他们会怎么说。他们或许会带着极大的蔑视，并且振振有词地说，做父亲的应该为他的儿子提供更好的建议。我承认，它们并不是什么很好的建议，可是我会告诉那些顽固的绅士，正是这些在他们看来并不重要的细节构筑起了一个人的外在形象和仪表。这些人只关心轰轰烈烈的伟业、无与

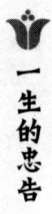

伦比的享受，从来不在意细处。现在许多年轻人言行不得体，这些问题的根源在他们的长辈对待小事的态度上就可找到。他们的父母经常疏于礼仪的培训，只关心他们世俗的教育。父母送孩子上学念书，然后进大学深造，最后还要出国游学。可是他们从来不去检查、判断孩子在每个人生阶段所取得的进步。然后，用这样的话安慰自己，说自己的儿子跟别人的儿子一样能干，可实际上他们可能坏事做绝。他们从来不纠正孩子在学校里染上的坏毛病，也不在意他们在大学里养成的粗俗行为，更不关心他们在游学时养成的傲慢无礼的态度。自己的父母都不纠正孩子的缺点，别人就更加不会了。如此一来，年轻人就无法得知自己的言行举止有多么粗俗、不得体，只会依然我行我素、不加改正。你应当为有我这样的监督者而感到自豪。任何事情我都看在眼里：我会检查你身上的缺点，以便你改正它们；也会好奇地寻找你身上的优点，以便赞美它们。当然，我也绝不会当众指出你的不足，令你处境尴尬；如果你不给我指出你上述缺点的机会，那就太让我欣慰了……

──第41封信──

适当打扮

虽然大多数人都跟我一样十分注重着装,但我认为聪明人和有个性之人对于着装往往有独到的看法和品位。不管什么样的衣服,若是穿在身上让人觉得很别扭,这就是穿衣人的失误——没有注意衣服与本人的搭配是否协调。

亲爱的孩子:

这封信我原本打算把它寄往柏林,这样可以直接送到你手上;如果碰巧你不在,我想大概用不了多久你就会回来,能及时看到。

你就要在这个世界的大舞台上闪亮登场,我渴望看到你一炮打响。要知道,台下的观众总会不客气地指出老演员身上的缺点,但对于新演员却相当宽容。观众会根据第一印象来评判他是不是好演员。如果他对自己的台词理解深刻,能够恰当地表达;如果他对自己的角色揣摩到位,能恰到好处地表现出来;如果他愿意通过自己的演出来取悦观众,那么观众也会原谅他在表演中微小的过失——在他们看来,这是因为年轻演员缺乏经验。观众声称,他有朝一日将会成为名角。在他们的追捧下,他确实很快成名。我希望你也能成为这样的演员。你是个聪明人,能够理

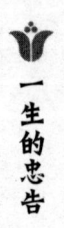

解自己所演角色的内涵，通过仔细揣摩，使自己的表演准确、到位，甚至超过前辈；与此同时，从资深的演员身上多加学习，绝对能收获良多。这样一来，即使你初登舞台没有惊艳表现，也会在以后的演出中积累人气。

虽然大多数人都跟我一样十分注重着装，但我认为聪明人和有个性之人对于着装往往有独到的看法和品位。不管什么样的衣服，若是穿在身上让人觉得很别扭，这就是穿衣人的失误——没有注意衣服与本人的搭配是否协调。许多年轻的英国人都想通过着装来展现自己的个性：有些人总是穿褐色外衣和皮革马裤，手拿橡木制的手杖，帽子歪扣在脑门上，头发蓬乱。他们像是在模仿男仆、驿站马夫或乡巴佬的穿着，而且模仿得惟妙惟肖。在我看来，他们不仅外表酷似这些下等人，而且内心也极为卑劣。另一些人为了让自己看起来高大威猛，经常戴着硕大的三角帽，腰间配一柄长剑，身穿小马甲，脖子上系黑色的领结。这样的人在我看来就像"披着狮皮的驴"，不仅显现不出威猛之气，反而暴露了他的虚弱。

不穿奇装异服，时常保持着装的整洁，这是明智之举。你的穿着要根据不同的场合不断变化，就和时尚人士一样。如果过分讲究穿着，会被当做花花公子；如果打扮邋里邋遢，更是不可原谅。如果要在两者中作个选择，我宁愿年轻人像花花公子那样讲究得过了头，也不要成天邋里邋遢。一个人如果到20岁还不注重穿着，那么到40岁将会变得邋遢不堪，到50岁就人见人厌了。

着装应该与周围的人相称。如果他们衣着华丽，那你也得跟着锦帽貂裘；如果他们穿得朴素，那你也穿得简洁素净。然而，不论衣着华丽还是朴素，都得注意衣服是否合身，做工是否考究；否则穿在身上，只会益增笨拙、别扭。当你身着华服、盛装出行的时候，无须担心以后该穿什么，也不用感到惴惴不安，就像平常一样从容、自然就行。

关于着装我就说这么多。在上流社会穿着十分重要，你必须清楚地认识到这一点。从现在开始你就得多花点心思在着装上，既然你已经步入社会。

第四辑 善养吾气

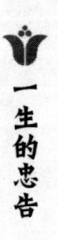

——第42封信——
展现自己的优点

在许多社交圈中,人们喜欢侮辱、诽谤他人,有些人是为了满足内心的恶念,还有些人是为了炫耀自己的才智。可是,我希望你不要以这些人为榜样。

亲爱的小男孩:

你本性善良,尽管这构成了你的主要品质,可光是这样还远远还不够。我并不希望你经常在人前卖弄自己的学问和优点,可也不希望你像其他年轻人那样,把在人前表现自己值得称颂的良好本性和仁爱之心当做一种羞耻。

有许多年轻人,他们希望成为"勇敢的人",于是装出一副冷酷、狂傲的样子,其实他们的本性并非如此。他们声称要去折断某人的骨头,切掉他的耳朵,把他从窗口扔出去等,所有这些伟大的宣言其实都既可怕又愚蠢。更令人吃惊的错误是,这么做必然使他们陷于一种尴尬的困境:如果他们真的付诸实施,那他们无疑和牲畜一样残忍;如果只是一时逞口舌之能,那他们简直愚不可及,给人落下笑柄。

这种"传染病"你千万要小心避免染上,当你确信自己的观点是正确的时候,一定要言语温和、头脑冷静,这才是勇气的真谛。这世上通常所谓的深具勇气的男人和女人令人嫌弃,也很危险。他们执迷不悟、吹毛求疵、忌妒心强，经常无缘无故地得罪他人。有勇气的男人借助自己的佩剑，有勇气的女人宣泄自己的口才，到底哪种武器最危险、更伤人还很难说。在许多社交圈中，人们喜欢侮辱、诽谤他人，有些人是为了满足内心的恶念，还有些人是为了炫耀自己的才智。可是，我希望你不要以这些人为榜样。

相反，你要选择大家都喜爱的话题。坦诚率直、温文尔雅的举止能够令所有心怀鬼胎的人释然，博得他们的好感。注意：不要得罪别人，也不要引起争执，因为纷争往往容易掺杂私人恩怨。

因此，你要时刻留心，不要在社交圈中说出冒犯整个群体或个人的话。本性良好的人普遍受人喜爱，即便敌对者也会对他产生敬意。可是，这些品质如果不通过行动表现出来，别人是不可能察觉的。

——第43封信——

切忌华而不实

> 头脑清醒的人和有学问的人不会被华丽的装帧所迷惑,他们首先会检查书的内容,要是觉得书的内在与华丽的外表差距很大,那么他们会带着极大的愤恨和蔑视将它扔到一旁。

亲爱的孩子:

假如我没有说错的话,我现在写信的对象应该是一位穿着讲究的绅士——他身披镶着金边的猩红色斗篷,内穿织有金银色浮花的马甲,还佩戴着精美绝伦的各种饰品。

每位作者对自己的作品都有一种本能的偏爱,而我也很高兴听到哈特先生对我最近出版的书的高度评价,并且认为有必要将它好好包装一番。听说他用红色的封皮包装,然后背面镶金。希望他能妥善保管此书,因为它确实值得有学问的人收藏。精美、华丽的装帧,旨在吸引读者的眼球,引起所有人的注意;可是如果颠倒了主次,男男女女都只关注书的装帧,却忽略了它的内容,那是作者们不愿意看到的。头脑清醒的人和有学问的人不会被华丽的装帧所迷惑,他们首先会检查书的内容,要是觉得书的内在与华丽的外表差距很大,那么他们会带着极大的愤恨和蔑视将它扔到一旁。希望别人阅读我的书时,不只被外在的装饰吸引，而是能发现书中的内容联系紧密、前后连贯、真实可信、富有意义，确实值得一读。

我很欣赏你关于风趣的那段论述，这似乎意味着你开始对它产生兴趣。你在信中极力推崇瑞士人的风趣机智，尽管如此，我还是认为与雅典人那尖锐、精致的风趣机智相比，它还是稍落下风。雅典人的风趣机智对整个希腊（除了匹奥西亚地区之外）产生了很大影响，甚至还波及罗马，在那里改头换面，以一种文雅继续影响着罗马人。而且在某个时期，这种文雅极似最初雅典人的风趣机智。受这两种不同的风趣机智影响越多，你就越能提升自己在这方面的才华。

最后感谢你告知我们在地中海沿线获胜的好消息。你说得对，身为国务秘书应当广有见闻。因此，我希望你能好好丰富自己的见识。在意大利你有很多事情要做，我毫不怀疑你现在已经对所有的战场都明了于心。

第五辑
辩才与礼仪

雄辩乃是感染他人的有效途径。

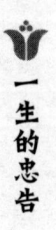

——第44封信——
说话与书写

出于对你最真挚的爱意,我得指出你所有的缺点——至少是我知道的或听人说起过的缺点。感谢上帝,这些缺点都可以改正过来,而且它们必须纠正,我相信你可以做到的。

亲爱的朋友:

不管何时何地通过何种途径了解到你有任何需要改正的缺点,那么我会及时地毫不客气地给你指出来,不然我就不配得到你的尊敬。社会上某些自称是你的朋友的人,或许由于世俗的影响,你也乐于把他们当做自己的朋友。这种人决不会指出你的缺陷,哪怕是很小的缺点;相反,他们只会吹捧你、恭维你,急于想跟你结交,对此他们并不会感到不安,因为大多数人希望身边的朋友在各方面都不如自己。对你而言,真正的友谊体现在我和哈特先生身上——我们对你的友谊相当纯粹,并不图谋任何私利。我们的职责就是为你指出缺点,给你提出忠告,而你的理智也会告诉你,我们值得信任。不管我们对你说什么,都是为你着想。

我听别人说,你现在讲话还是有些结巴,不是那么流畅。当你说话速度很快时,听者就很难领会你的意思。我以前就常常跟你说起过这个问题，现在只能再次重复：好好训练说话技巧吧！若是一开始就不注意培养这方面的才能，把它扼杀在摇篮中，那你将无法取得任何进步。牢记德摩斯第尼对思路清晰的强调，朗读西塞罗推崇的段落篇章。在英国，演讲更强调简练、清晰。若是不注重这些技巧，无法在公众场合精彩地演讲，你就难以在这个社会获得成功，请一定要接受我的建议。你的工作要求你不管在公众还是私人场合都要展现演讲的才能，而你目前的说话有时候让人没法听懂，甚至会因为破绽百出而遭人嘲笑。

要让自己的演讲令人信服，首先得赢取他人的好感；而赢取他人好感的前提就是迎合他人，跟听众保持一致。说话的时候发音准确、吐字清晰、抑扬顿挫、重点突出、主旨明确，使得整个演讲充满魅力，牢牢地抓住观众的注意力。做不到这点，那你最好不要开口说话。你以前所学的或者将会学到的，其实根本就不值一提。你只能把它们当成消遣娱乐的玩意儿，在家里细细把玩，对你为人处世毫无用处。所以，请你把学习演讲技巧作为首要的目标，直到你完全掌握它为止。除了读书和说话，头脑里不要有任何杂念。你可以当着哈特先生的面背诵雄辩家的演说词，或者大声朗读悲剧作品，仿佛台下坐着许多听众。即使独自一人，也要大声朗读，吐字清楚，就像在公众场合作重要演讲一样。如果你在发音吐字上遇到困难——我认为你发"R"这个音的时候不太清楚——那么就请不断练习这个发音，直到你发音标准为止。说话时要缓速，除非你能流利地表达自己的意思。总之，扔掉那些无益于提高演讲技巧的书籍或思想；只有高超的演说技巧，才能助你出类拔萃。

除了演讲的才能之外，你还得把字写好，字要迹清晰优美，

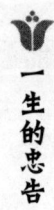

书写要准确流畅。我很遗憾，迄今为止你这几点都没有做好。你的字写得实在不敢恭维，若是这样起草公文，实在有损你的颜面；即使用来给女士们写信，也很不雅观。其实只要你书写的时候留点心，这并不难克服。因为任何一个能用眼睛看、会用右手书写的人，只要他愿意，都能写出一手漂亮的字。想要做到字迹清晰，你就得向优秀的作家学习。至于想要书写准确，你就得在书写的时候避免出现语法错误。

我希望你通过亲身体验、仔细观察以及与上流人士的交往，学会这个文明世界中的社交礼仪和演说技巧。很少有人像你这般年纪就如此有见识，也很少有人像你这般接近完美。你不会因为目前的不足而气馁，反而为你现有的感到骄傲，充满自信地尝试每一件事，坚信最后胜利一定会属于你。你之前克服的困难远比现在遇到的困难更多。不久之前，你的人生道路还布满荆棘和障碍，可如今有些地方已经长出了美丽的玫瑰。出于对你最真挚的爱意，我得指出你所有的缺点——至少是我知道的或听人说起过的缺点。感谢上帝，这些缺点都可以改正过来，而且它们必须纠正，我相信你可以做到的。

——第45封信——
做一个成功的演说家

不过我还是赞成西塞罗的观点,一个人应该成为出色的雄辩家,能够随时随地就各种话题发表演说,措辞得体、想像丰富,运用雄辩术恰到好处地为其演说内容增色,同时,还能够调动观众的情绪。

亲爱的朋友:

让我们围绕如何在公众集会上发表演说展开话题吧。和欧洲其他国家相比,英国更加崇尚演说才能,能言善辩的人总是占尽优势。对演说者而言,在公众场合演说必须具备一定的洞察力和学识(做任何事情都如此),尤其必须注意措辞得体、文风高雅、内容协调、举止优雅。只有这样,听众才能清晰、准确地领会演说者的意思。否则,他们听了半天却还摸不着头脑。这样的演说效果显而易见。

再过几年你就该进入下议院工作了。为自己树立一个良好的形象,是你的首要目标。这就需要你能准确、文雅地说话。你似乎对此并不以为然,而这恰恰就是你所欠缺的。幸运的是,你从现在起加强训练,提高语言表达能力还为时未晚。留心观察别人的演说,有助于你弥补自己的不足。不要以为仅靠才智、理性和思辨就能使你成为受欢迎的演说家,离开了优雅的风度和演说技

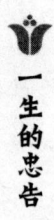

巧，你不可能获得成功。在两三个人的私人谈话中，即便没有优雅得体的谈吐，理性和思辨也能体现其重要性；然而，在公众场合，若是没有上述演说技巧的相助，哪怕再理性、再思辨的演说，都乏善可陈，压根儿吸引不了听众的注意力。卡迪诺·德瑞兹所说极为正确，参加公众集会的都是一群头脑发热的人，他们只受自己的情绪和感官支配，唯有演说者能够调动他们的情绪。

已故的大法官坎普是公认的出色的演说家，他的成功并非来自逻辑严密的推理（在这方面他确实做得不怎么样），而应归因于纯粹而高雅的语言风格、让人迷醉的演说魅力、优雅得体的神情举止。这一切使得他每次演说都能赢得听众的热烈欢迎。为了更真切地聆听演说内容，他们竖起耳朵；为了更清楚地见识他的风度，他们睁大眼睛。演说结束，他完全征服了观众。

与他相反，已故的汤谢德爵士每次演说都很郑重，演讲内容充满逻辑思辨，可是听众并不买账。为什么呢？原因就在于他的言辞有失文雅，甚至流于粗俗，语法错误也比比皆是；他的演说从未顺畅过，总是在不该停顿的地方停顿；他的言行举止也没有任何风度可言。没人有耐心坚持听完他的演说，年轻人时常讥笑他，甚至以模仿他为乐。

已故的阿盖公爵在逻辑推理方面的能力比作白痴亦无不可，但他却是我见过的最受欢迎的演说家。当然，这与他的演说内容无关，完全在于他的表达方式。他演说的时候热情洋溢，魅力四射，能够牢牢地吸引听众；他像时尚人士那样有着高雅的风度和悦耳的嗓音，措辞文雅、重点突出，这一切使他的演说极富感染力和说服力，总能赢得听众的欢迎。我也像其他听众一样狂热地为他着迷，可是回到家，静下心来仔细回味他的演讲过程，将所有的装饰——褪去，这才发现，其实他的演说论点并不成立，论据也不够充分。正是这些外在的修饰——无知的人居然将其称作微不足道的东西——为他的演说赢得巨大的成功。

西塞罗在其著作《雄辩术》中极力推崇雄辩术，鼓吹雄辩家的地位，声称一个出色的演说家必须能够从事各种职业，比如律师、哲学家、牧师等。如果真可以做到的话，那自然是美事；可是，一个人的生命非常短暂，不可能在各方面都做到精通。不过我还是赞成西塞罗的观点，一个人应该成为出色的雄辩家，能够随时随地就各种话题发表演说，措辞得体、想像丰富，运用雄辩术恰到好处地为其演说内容增色，同时，还能够调动观众的情绪。

掌握演说的技巧，成为雄辩家，这对英国人来说非常重要，对你而言更是如此，以至于我迫不及待地要向你鼓吹这种技巧，希望引起你的足够重视。不管你用哪种语言进行书写或交谈，准确、文雅都是必要的；即使是跟最熟悉的人促膝而谈，也要保持一贯的语言风格。假如你不能确信某个单词或词组是否合适，请翻阅权威的词典求证或者向资深人士请教。经常进行翻译练习，将各种语言译成英语；不断地修改，直到读起来顺畅、易于理解为止。牢记这条真理，正如在社交场合，缺乏文雅举止的人也得不到认可一样，在公众集会上发表演说，若是不懂得演说技巧，单靠理性和思辨是不会受人欢迎的。如果你想取悦他人，就得迎合他们的喜好。我再重复一遍，听众只会欣赏那些有说服力的、能够讨取他们欢心的演说家。拉伯雷初登文坛时的处女作写得相当精彩，可是反响平平。后来，他果断改变策略，积极迎合公众的口味，创作了《巨人传》，其中的"卡冈多亚"和"庞大古埃"成为最受人喜爱的角色。再见！

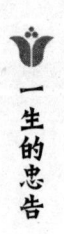

——第46封信——
师从德摩斯第尼

那么，我也告诉你，演说的时候一定要充满激情，具有感染力，这样才会成功地抓住听众的心。一旦抓住听众自豪、爱慕、同情、野心等主导情感，那就无须担心他们还有什么理由来攻击你了。

亲爱的孩子：

我发现，你将德摩斯第尼作为你提高演说能力的榜样，这么做非常不错。不过，你更要牢记他为此付出的巨大代价。他每次练习演讲，总是放一小块石头在嘴里，这么一来，不管他何时开口说话，都得尽力把嘴唇和牙齿分开，确保能够准确、清晰地说出每个单词，发出每个音标，声音洪亮，足以传到很远的地方。不过，他的嘴巴可受罪了，每次练习完毕，要么磕坏牙齿，要么磨破嘴皮。他还经常迎着暴风雨，面朝大海练习大声说话，避免受公众集会喧闹的干扰。

德摩斯第尼苦练演说技巧，以求谈吐优雅、得体，我认为他在其他方面投入更大。他肯定致力于掌握语言的准确、得体和优雅，注意演说内容各部分的协调，突出论点、强调论据的力量，注重调动听众的情绪。我想像着他以一个精彩的开头作为引子，先调动起听众的情绪；然后简要地阐释论点，继而以充足的论据为证，进行激烈的辩论；最后在结语中作简要的回顾，重申重点，巧妙地略过次要的部分，把听众的情绪引向高潮。所以，无论在什么场合演说，你必须充满激情，如此才能吸引听众。就像恺撒在法萨利耶战役中命令士兵对着庞培手下战士的脸部射击，最终取得了胜利。那么，我也告诉你，演说的时候一定要充满激情，具有感染力，这样才会成功地抓住听众的心。一旦抓住听众自豪、爱慕、同情、野心等主导情感，那就无须担心他们还有什么理由来攻击你了。

第五辑 辩才与礼仪

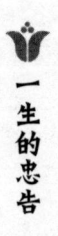

——第47封信——
能言善辩

> 不管与什么样的人说话，也不管说什么样的语言，千万不要忽视自己的表达方式。注意用词贴切，风格高雅，不仅仅满足于让别人理解你的意思，还要用语言装点你的思想。

亲爱的孩子：

在其历史著作中克莱登爵士对约翰·汉普登先生有过如下评论："他有一颗富有创造性的头脑、一张能言善辩的嘴巴，还有一双制造不幸的手。"这番评论是否公正暂且不论，我只想修改其中的一个词，把"不幸"换成"好处"。这样一来，我便渴望你也能拥有经过我改动后的这些才能。

严肃、认真的思考会令你勇气倍增，助你事业有成；而这种勇气既不同于动物的野蛮，也不同于步兵的蛮横——前者坚如磐石、不可动摇，后者时常表现出残忍的一面。其实在某种程度上，你的头脑是否具有创造性是由上帝决定的。但是，你可以通过自己的学习、观察和思考不断地加以改善和提高。至于能言善辩的嘴巴，则完全依赖于你的锻炼。若是你勤加练习，必能拥有这种才能。要知道没有它，再聪明的头脑也发挥不了作用。同样地，在我看来，动手能力的强弱也主要取决于你自己。

接下来，我要谈的是"能言善辩的嘴巴"，就像牧师认为台下的听众最缺乏的是美德和智慧，宫廷最缺乏的是真实和克制，城市最缺乏的是无私和秩序，国家最缺乏的是稳定——而你最缺乏的是口才。

法国人非常注重表达方式，即便在普通的谈话中也要力求高雅。他们说法语时，总是注意这种语言表达的微妙性，时刻观察对方的反应。意大利人也是如此，我几乎没碰到过一个不会优雅地说本国语言的意大利人。那么，对英国人来说，在公众集会上就国家制定的法律和宪法赋予的自由发表演说时，是否也有必要注意准确、纯正地使用英语呢？在这种情况下，仅仅追求准确、清晰是无法满足听众的要求的。

你应该把古希腊著名演说家德摩斯第尼当做自己学习的榜样。假如你在演说方面还有不足，那么请投入更大的热情、付出更大的努力去加以完善。不管与什么样的人说话，也不管说什么样的语言，千万不要忽视自己的表达方式。注意用词贴切，风格高雅，不仅仅满足于让别人理解你的意思，还要用语言装点你的思想。如果不加任何修饰，赤裸裸地表达自己的想法，那非常有失体面，结果甚至比不得体的穿着更糟糕。

在你有限的人生经历中，肯定已经意识到说话方式是否高雅会产生完全不同的效果。当说话的人口吃，声音刺耳，中间缺少停顿，而且语法错误、用词混乱，结果你必然听得云里雾里，完全摸不着头脑——难道你能容忍这一切吗？难道你不会对他们产生偏见，进而怀疑他们的人品？换作是我，肯定会的。另一方面，那些说话方式与此完全相反的人，难道你不会先入为主、自然而然地对他们产生好感？准确、清晰、略有修饰能令你的话语

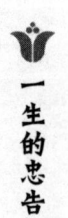

极具说服力。它们常常可以弥补你的话语内容上的不足,如此一来,在辩论中你就能立于不败之地。

你所从事的工作令你今后有许多机会在公众场合——或是面对国外的王子,或是在国内的下议院——发表演讲。在这种场合下,口才对你而言非常重要。你不仅得具备一定的演说能力,把意思表达清楚,而且还要拥有最优秀、最耀眼的雄辩才能。看在上帝的份上,你要以此为目标,不断地提高自己。你的演说要具有很强说服力,不能发出刺耳的声音和不和谐的语调;在任何场合都要注意使演讲充满感染力。雄辩的才能和良好的教养,加上卓越的才华和渊博的学识,必定能够为你的成功带来很大帮助。

随信附上博林布鲁克勋爵写的一本书。我希望你能反复阅读这本书,尤其学习他的文风以及演说技巧。我也是在读过这本书之后,才意识到自己远没有掌握英语的技巧和功用。博林布鲁克勋爵不仅能言善辩,文笔也很优美。他在日常谈话中的措辞就像他的著作一样格调高雅,不论说什么或写什么,他都格外讲究辞藻的华丽、准确,并且通过流畅、愉悦的方式表达出来。这对他来说再寻常不过,但只要勤加练习,你也能做到像他那样。

——第48封信——
语言的习惯用法

语言跟习俗一样,都是由人们的习惯构成,因此人们必须像尊重习俗一样尊重语言的使用习惯。

亲爱的朋友:

知道你开始着手翻译《西克斯图斯的生活》,这让我很高兴。如果你能在翻译过程中有意锤炼正确、高雅的语言风格,那么不管你翻译得怎么样,我都会感到欣慰。意大利作家格里高利·利提一生的创作不计其数,《西克斯图斯的生活》堪称其中最出色的一部。可是,我宁愿你翻译那些辞藻华丽的篇章,不管是古代还是现代,是拉丁文还是法文。通过这种翻译训练,你可以使自己在修辞方面的思维模式和表达方式上得到长足的进步。

每种语言都有其特殊性,它们有固定的习惯用法,不管正确与否,都必须遵守。我可以举出不同语言中许多荒唐可笑的例子,可是它们一旦成为习惯用语以后,就获得了普遍的认可,而且必须严格遵从。"即(namely)"和"就(to wit)",这两个词本身没有任何问题,甚至比我们现在用来取而代之的近义词更为贴切。可是,人们在日常生活中并不使用它们,只在布道文或是严肃、正式的文体中使用。

在你的来信中,你使用了这两个人们已经很长时间不再使用的词，虽然这两个词的意思没错，表达也合乎语法规范。现在看来，这两个词显得不太文雅，过于呆板、正式，甚至在某种程度上还可以从《圣经》中找出其根源。第一个是"即（namely）"，你是这么使用的："你告诉我一个令人愉悦的消息，即我的选择是可靠的。"我从来不使用"即"，而是使用"也就是"或者"那就是"。第二个是"我个人倾向于（my own inclinations）"。这么说当然没问题。然而，这个词以连续的元音结尾，尽管我们常常省略后一个词，简称为"我个人（my own）"，可还是显得过于正式。

　　语言跟习俗一样，都是由人们的习惯构成，因此人们必须像尊重习俗一样尊重语言的使用习惯。要是老年人或者退休的人说出怪异的词语，那还能理解。比如，到了我这个年纪说些不合语言习惯的话也无妨，而你就不行。假如你信任我、关心我——没有这些，那么我对你或其他人的劝告就毫无意义，那么我们下次见面的时候可以讨论一下这方面或其他方面的问题。

——第49封信——

最"漂亮"的法语

时尚的文风充斥着华丽的辞藻、矫揉造作的表达和堆砌的排比手法,乍看令人眼花缭乱,不要让这种华丽的外表蒙蔽你的眼睛;你要凭着自己的理智,从古代名家那里找到纯正的趣味。

亲爱的朋友:

现在你也算半个巴黎人了,所以你必须学会用法语与人交流。给我回信你也得用法语,这样我就能判断你对这门语言的掌握程度——风格是否优雅,用词是否贴切,拼写是否正确——我想从你的信中就能看出端倪。法语相当重要,毫不夸张地说,它已经成为全欧洲的"洲际化语言"。我相信,你已经能够讲一口"漂亮"的法语,但是"漂亮"的程度如何我还不清楚。在法国法语算是讲得不错的外省人,到了巴黎却被人视为古代高卢人。法国是时尚之都,和五花八门、琳琅满目的服饰一样,法语也讲究时尚、风格各异。

在巴黎,各种各样的词汇层出不穷,或装腔作势、或精练优雅、或旧词新用、或时髦新奇。请你观察、了解不同风格的时髦用语;要是你乐意,也可以尝试说上几句,但是决不能让这些新潮的玩意儿影响你的趣味。在巴黎,这种语言的时尚甚至会让人

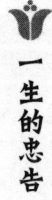

深受蒙蔽,变得浮躁和冲动,人们需要在这股时尚面前尽力保持理智,即使智慧和技术及工艺之神米诺娃也不能例外。时尚总是起源于冲动,与理智格格不入。现在的巴黎,人人都在追逐时尚,但是想要成为时尚的潮头显然只是徒劳。这些时尚之人,为了追求时髦不惜一切代价,殊不知,他们的行为就像古希腊神话中的伊克西翁,苦苦追求女神赫拉,最后怀抱的却是一片乌云。如果沉迷于其中,难免使你的表达晦涩难懂、思想谬误怪诞、情感喜怒无常,整个人变得无法理解。在法国三分之二的新书都难以摆脱这种弊病。

置身其间,难免不受这种风潮的影响,但是我希望你能固守本分,不要让这种所谓的时尚左右了你的趣味。时尚的文风充斥着华丽的辞藻、矫揉造作的表达和堆砌的排比手法,乍看令人眼花缭乱,不要让这种华丽的外表蒙蔽你的眼睛;你要凭着自己的理智,从古代名家那里找到纯正的趣味。你可以以路易十四时期的文学大家高乃依、布瓦洛、拉辛、拉·封丹等人为榜样。他们的作品朴实无华,经得起时间的考验。当然,也不必自恃清高,对那些屈从于时尚的人大肆嘲讽、调侃,因为你还太年轻,没有资格做批评家,那就独善其身吧。

……

当然,你也用不着一味排斥这种时尚,不妨撷取其中不同的营养,渗透到自己的语言当中,看是否可以为你所用。调动你的审美观,理智地筛选,取其精华,去其糟粕。请记住一点——真带来美,美必然真。公正、深刻的思想是一种内在美,其外在并不光彩夺目;换言之,外表光彩绚丽并不能说明事物多么有价值,有时往往只是给人一种美丽的幻象而已。

如果你参加不同的社交活动，不要把我上面这番话奉为准则，因为像你样的年纪，只能去适应一个群体的风格，而不要想着以一己之力改变群体的基调。交流要善于随机应变：跟举止轻浮的妇女调情就要虚与委蛇，与绅士说话可以表现得简练、幽默，而对那些纨绔子弟则需将两者结合、灵活运用。无论遇到什么样的人，都需要先考虑清楚了再决定对策。

……

记得每周给我回信，而且必须用法语。抓住机会，与各国外交部长多加接触。通过与他们的交流，你不必来回奔波各国就能了解到这些国家的风情。遇到意大利人就要讲意大利语，跟德国人相处则要讲德语，虽然你目前身在法国，但不要忘了这两门语言。

衷心祝愿你，我亲爱的朋友，新年快乐，万事如意。特别祝你在法国学业有成，日有所得！

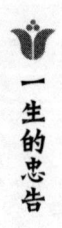

——第50封信——
语言的风格

请你一定要把我的话牢记在心,用你优雅的谈吐、风度和举止吸引观众的眼球;用你语言上的典雅、和谐抚慰听众的耳朵。只有这样,人们的心才愿意亲近你。

亲爱的孩子:

最近的信中,我一直跟你谈良好的教养、得体的谈吐和优雅的举止,这些对你而言都相当重要。在这封信中,我将跟你谈论另一个与之类似的问题——语言风格。我确信,你在这方面还须多加努力。

有句话说得很有道理,"风格是一个人思想的外衣"。假如你的语言风格简单粗鄙、庸俗不堪,这对你极为不利,也难以被人接受。这就好比穿衣服,尽管你身材很好,可要是穿得破破烂烂、浑身污垢,也不会被人夸奖。关于语言风格,人们只能用自己的耳朵做出评判,却无法凭借理性来下结论。假如我要发表公开演说或是书写公文,我选择的话题就会相应地温和一些,然后用优美、文雅的方式加以表达;而不是选择棘手的问题,使用拙劣的语言。

古人说得好:"诗人是天生的,而雄辩家可以通过后天培养。"用最纯正、最优雅的方式说母语,是雄辩家必须遵循的首要原则。讲外语即使出现重大错误也情有可原，但是讲母语，哪怕稍有词不达意，也会被人当成把柄、大肆嘲笑。

两年前，下议院某位议员在谈到海军事务时，声称以后英国将拥有最强大的海军。你可以想想，这位议员说话的口气多么不当。事实上，他很快就受到人们的无情奚落。而且我向你保证，这件事对他的负面影响将一直延续下去；只要他还活着，只要他一开口说话，人们就会想到他曾经的失误。另外还有一个律师，在为被告辩护的时候得意地声称，他的辩护人非但不该受到指责，而且还应该"遭受"人们的感激和赞赏。

我认为"遭受"这个词只能用于贬义，所以用在此处很不恰当。

你的工作要求你经常参加海外谈判，或者在下议院发表演说。若是你的语言风格有失文雅（我不想说"很糟"），那会给人留下什么样的印象呢？假如你写信给国务秘书就某个问题发表自己的见解，这封信将会在内阁会议上传阅，还可能送交议会讨论，那么信中一旦出现措辞不当、语法错误或是风格粗俗，将会在短短几天之内传遍整个英国，令你颜面扫地，很难再图补救挽回。

……

你可以随身携带几位英国最优秀作家的作品，比如德莱登、阿特伯利、斯威夫特等，用心研读他们的作品，尤其要注意他们的语言表达方式，这样做或许可以纠正你从威斯敏斯特学来的古怪的措辞。哈特先生觉得你在国外，几乎遇不上什么同胞能够帮助你提高英语，我也持这样的看法。你碰到的大多数英国人，我敢说，他们的英语水平跟你一样蹩脚，有的甚至比你还要糟糕。

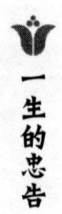

所以，要想提高英语水平，你得加倍努力训练才行。认真研读名家名作，学习他们的遣词造句和优美文风，还可以经常跟哈特先生交流。罗马人和希腊人，尤其是雅典人，就非常注重说话技巧，这一点不需我来告诉你。意大利人和法国人也是如此，他们的学术机构和古典文献不断致力于规范和完善语言的表达。说来令人惭愧，我们英国人在这方面做得非常不够，远落后于其他文明国家，可是这并不能成为你的借口；相反，把你的语言完善了，就更能显示出你的与众不同。西塞罗说过，再没有比在作文上超过别人能让人感到光荣的了。

事实证明，纯正、文雅的语言风格，加上高超灵活的演说技巧，对演说家或作家来说，足以弥补演说词或作品中出现的许多错误。对我来说，如果有人结结巴巴地跟我说话，表达错误百出、粗俗不堪，即使内容相当有趣，那我也绝不会给他第二次说话的机会。眼睛和耳朵是通往心灵的唯一途径，你要通过它们赢得听众或读者的心，否则你将一无所获。尽管优点和学识也会带给你某些好处，可是不会令你赢得人心。请你一定要把我的话牢记在心，用你优雅的谈吐、风度和举止吸引观众的眼球；用你语言上的典雅、和谐抚慰听众的耳朵。只有这样，人们的心才愿意亲近你。

你已经读过《昆提良》，这是能够教你如何成为雄辩家的最好作品。你还应该读读西塞罗的《雄辩术》，这部作品被多次翻译成拉丁文、希腊文和英语。你一定要掌握纯正、优雅的语言风格，这只需要你勤加练习就可做到。我很庆幸上帝并没有赐予你诗人的天赋，那么，看在上帝的份上，请把自己培养成雄辩家吧（这你完全可以做到）。尽管一直称你为"我的孩子"，可是我想你已经长大了。我将大量的时间和精力倾注在你的身上，期望你在18岁的时候能够取得大的成就，而不是到了28岁还庸庸碌碌、一事无成。

再强调一下，如果你在演讲或是写作中，缺乏优雅的谈吐、从容的举止和迷人的风度，即便你现在或以后掌握丰富的知识，或者拥有所有的优点，你也只能是一个无名小卒，只能每天看着那些优点和学识不及你十分之一的人在你前面奚落你。

第五辑　辩才与礼仪

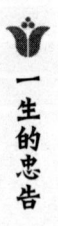

——第51封信——
谈话的技巧

你必须准确、清楚、明白地讲述每件事。否则,非但不能达到娱乐听众的目的或转述清某条消息,反而会让听者坠入云里雾中,不知所云。

亲爱的孩子:

在上一封信中,我警告过你,千万不要沾染令人生厌的恶习,更不要做出笨拙可笑的行为。许多人年轻的时候,由于父母疏于管教,结果染上了这些恶习——滑稽的动作、奇怪的姿势、无礼的举止,等他们长大成人后再想改正已经很难了。

此外,还有思维上的呆板表现,你也应当小心谨慎地避开。比如,弄错别人姓名,时常张冠李戴,这是思维拙劣的表现。随意滥用称呼,开口闭口就是"阁下,先生"或者"先生,阁下",这也是极为笨拙的表现。讲故事或者叙述事件的时候,思维一时短路忘了词,讲到一半接不下去,然后说句"我忘了后半部分",以此搪塞过去,也相当令人不快。你必须准确、清楚、明白地讲述每件事。否则,非但不能达到娱乐听众的目的或转述清某条消息,反而会让听者坠入云里雾中,不知所云。

同样,说话的声音和方式也是应该引起注意的。有些人说话的时候总是含混不清,别人根本不知道他在说什么;有些人说话像机枪扫射，别人照样听不懂；有些人总喜欢扯着嗓门讲话，把对方当做聋子，生怕他听不见；还有些人则把声音压得极低，别人即使竖起耳朵也无法听得清。

所有这些习惯都让人心生厌烦，你应该小心谨慎地避开。它们仿佛是广而告之：我是没有受过良好教育的普通人。留心避免发生这种行为，这非常必要，因为我见过许多有着崇高品德的人，只是因为缺乏必要的品质不受人们喜爱，而那些并不具有崇高品德的人，则因为具备必要的品质而被人们认可。再见！

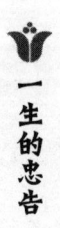

——第52封信——
社交场合的礼仪

有良好教养的人，与下级说话从不颐指气使，与上司交谈则从容不迫、彬彬有礼；在国王面前从不感到张皇失措，还可以与贵妇人开些亲昵又不失敬意的玩笑；与同辈聊天，不管是否熟识，他们总是选择大众化的话题，从容自如。

亲爱的孩子：

昨天刚收到你5月16日寄来的信件，今天我就迫不及待地给查尔斯·威廉先生去了信，感谢他教给你的文雅举止。听说你的第一次宫廷之行相当成功，波兰国王本人也认为你表现非常出色。我希望你具备受人敬重和坚韧的品格，这对时尚人士来说是不可或缺的。

只受过普通教育的人，根本无法承受地位比他们优越之人的恩宠。他们与国王或名人交谈时，由于缺乏足够的才智应对而显得惊慌失措，又因为羞赧而显得笨拙呆板、无所适从，不知道该说什么或怎么回答。可是，有教养的人绝不会在上司面前手足无措。他们清楚该如何表达敬意，神情没有一丝慌张，即使面对国王也可以从容地谈论任何话题。有良好教养的人，与下级说话从不颐指气使，与上司交谈则从容不迫、彬彬有礼；在国王面前从不感到张皇失措，还可以与贵妇人开些亲昵又不失敬意的玩笑；与同辈聊天，不管是否熟识，他们总是选择大众化的话题，从容自如。这非常值得初次涉足社交圈、尚未学会如何与长辈或上司从容交谈的年轻人学习。我见过很多人，他们受过正统的英国式教育，可是当他们站在国王面前的时候，简直不知该怎么办才好！如果国王对他们说话，他们更是站立不稳，浑身打颤，拼命把手插在口袋里，结果对国王的问话完全无法集中注意力。他们显得极度紧张，结果把帽子碰到了地上，却又羞于拾起来。简而言之，他们总是令自己陷于手足无措、尴尬万分的境地。

第五辑 辩才与礼仪

第六辑
男子汉培训法则

上帝赋予人的才能，应该及早挖掘和展现出来。

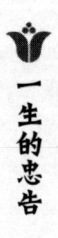

——第53封信——
独立思考和自主判断

以理性作为判断一切的标准。只有经过思考、分析和检验，才能形成正确和成熟的判断。不要让任何事物（权威）左右你的大脑，误导你的行为，尽早学会独立思考。

亲爱的孩子：

你现在已经能够独立思考，但是许多人像你这么大的时候还远没有学会。为了你自己的将来，我希望你努力去追求真理。老实说（因为我愿意向你透露我的秘密），我也是在这几年才真正开始学会独立思考。早在十六七岁的时候，我并没有学会如何思考，所以许多年以来，我对自己掌握的东西都没有充分吸收、利用。我只是单纯地照搬书本的概念，或者一味地附和周围伙伴们的想法，从来不会动脑筋思考这些东西正确与否。当时想着与其刨根究底费神费力，还不如随大流来得轻松省事。不愿思考的原因，一来觉得每件事都再三斟酌过于麻烦，二来由于我过于迷恋玩乐，根本没时间思考，而且对上流社会也没什么好感，多少有点叛逆。很长时间以来，我都懒得用大脑思考，一直耽于偏见。待我有所察觉时，发现自己已经对事物形成了错误的看法，并且放弃了对真理的追求。当我学会独立思考并且尝试用自己的大脑对事物作出判断时，我惊奇地发现世界原来完全不是我从前想像的那个样子。

我的第一个偏见来自于对古典主义的盲目崇拜。我读过大量的古籍，并且接受了导师传授的古典知识，渐渐地就形成了这种偏见。当时我深信，自古希腊古罗马帝国灭亡以来近1500年间，理性和正义在这个世界上已经荡然无存了。你可以想像这种看法多么荒谬。我还认为，正因为荷马和维吉尔是古代人，所以他们没有任何缺陷；而弥尔顿和塔索是现代人，所以他们就毫无优点可言。现在，我只要稍加判断就可以发现，3000年以前的自然界和现在完全一样，而3000年以前的古人跟现在也没什么差别。虽然时尚和习俗在不同的时代变化会比较大，可是人类的本性一直都没有改变。若说1500年前或3000年前的动植物到现在没怎么进化是荒谬的，那么认为1500年前或3000年前的古人比现代人更勇敢、更聪明、更可靠，也是毫无根据的。现如今，我十分蔑视崇古派。我敢说，荷马笔下的英雄阿喀琉斯是一个恶棍，根本没有史诗英雄所应具备的品性。他的心里没有装着自己的国家，也不愿为她而战。后来，因为跟主帅阿伽门农发生了一点小摩擦，为了发泄私愤，就四处杀害百姓。他穿着世上最坚硬的铠甲，自认为无懈可击。可我要说，这正是他的致命弱点，因为只要马蹄轻轻地蹬到他那容易受伤的脚踵，就足以要了他的性命。另一方面，我想对那些极度崇拜现代的狂热分子说，按照德莱顿的观点，弥尔顿诗歌中的恶魔形象其实是他诗歌中的英雄，诗人如此安排的用意是使其最终成为诗歌的主题。由此可见，就像现代事物和现代人一样，古代的事物也有其优缺点，古代的人也有其美德和恶习。喜欢卖弄学问的人往往轻信古典，而空虚、无知的人

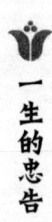

则狂热地膜拜现代。

受崇拜古典的影响,我对宗教的偏见亦很深。我一度坚信,如果不信奉英国国教,那么即便是这个世上最正直的人都无法得到救赎。当时我并不知道人们的想法是不太容易改变的,总想把自己的看法强加给别人。其实,我的观点跟别人相左,正如别人的观点也跟我不一样,这是很自然的现象。要是我们彼此都很真诚,那么彼此都无可指责,反而应该互相容忍。

我的第二个偏见源于对"上流社会"的认识态度。当时我总以为要想出入上流社会,就得装出一副"玩世不恭"的模样。我发现这种人在社交圈中极易受到人们的追捧,于是不假思索地把他们当做效仿的对象。其实从当初的真实动机来看,是为了不想受到这些人的嘲笑。可是现在,我再也不会害怕这种事情了。我敢说,尽管有些处世圆滑的人或优秀的绅士以玩世不恭自居,可这仅仅是他们身上一个与生俱来的小小的缺点,不会因此受到太多指责。可如果你盲目地仿效他们,以他们为榜样,不仅不会赢得别人的重视,反而会遭人鄙视。

以理性作为判断一切的标准。只有经过思考、分析和检验,才能形成正确和成熟的判断。不要让任何事物(权威)左右你的大脑、误导你的行为,尽早学会独立思考。我不敢保证这么做,你肯定就万无一失,因为人类的理性并不那么真实可靠。可是,这样做至少可以把错误降至最低限度。读书和交谈或许对此有所帮助,可是不要盲目地成为别人思想的奴隶,试着用理性来指导自己,那是上帝赐予我们最好的天赋。你可不要像大多数人那样觉得思考太过麻烦,几乎从未独立思考过,让自己的大脑成了别人的想法和观点的"跑马场"。

有种观点认为，在专制统治下艺术和科学不可能得到繁荣发展，而被剥夺了自由的天才必将受到打压。实际上，这种观点对也不对。因为像机械技术、农业等行业，即使在开明的政治体制下，若是其利益和财产得不到保障，也不会得到发展。那么为什么专制统治就会压制数学家、天文学家、诗人或是演说家呢？专制政府可能会剥夺诗人或演说家表达某个特定主题的自由，可也留有足够的主题让他们去发挥他们的天才。难道理智的作家会因为丧失发表亵渎、污秽或煽动性作品的自由而抱怨他的天赋受到了遏制吗？所有这些作品即使在最开明的政治体制下也会受到禁止。难怪法国人会说，英国培养了这么多天才，英国人可以自由地思考，还可以把自己的想法写下来公开出版。确实如此！可又是什么阻止法国人自由思考呢？若是他们整天只是谋划着怎么破坏宗教信仰、道德规范或良好的行为举止，怎么扰乱国家安定，那么任何一个政府都会采取强制措施封杀他们这种思想，或者对反映这种思想的作品给予惩罚。那么专制政府又是如何压制史诗诗人、戏剧家或是抒情诗人的天赋呢？或者它又是如何腐蚀演说家在布道坛上的精彩辩论呢？法国的一些优秀作家，比如高乃依、拉辛、莫里哀、拉·封丹等人，恰恰是在路易十六的专制统治下取得了令人激赏的文学成就。而奥古斯都时代的优秀作家，更是在这个惨无人道的君主统治下创作出了不少流芳百世的经典。此外，书信也不是在自由、开明的政体下繁荣起来，而是在专制的教皇利奥十世以及独裁的弗朗西斯一世统治时期才风靡欧洲。请别误解，我不是在为专制统治说话。其实，我从骨子里憎恶独裁，因为它是违背人类自然权利的犯罪行为。再见！

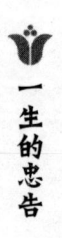

——第54封信——
不做言论的二道贩子

明智的人绝不会去倒卖俗套的评论,反而把这个视作耻辱。他们常说的是对谈话有意义或能活跃气氛的话题。他们言语诙谐幽默、不落窠臼,更不轻易讽刺他人;有时话题严肃正经,可是并不呆板、无趣。

亲爱的孩子:

根据惯常的观察,人们不难得出这样的结论:宫廷是制造一切谎言和虚伪的中心。可是我要说,这种看法与大多数庸俗的评论没什么两样,都是错误的。宫廷里当然充满谎言和虚伪,可是难道别的地方这些就少了吗?其实乡下也有谎言和虚伪,而且方式可能更为卑劣。住在同一个村子里的两个农夫,为了在市场上能够赢得更多的利润而互相算计,或者为了支持不同的乡绅而彼此排挤。这就像朝中的两位大臣,为了拥立各自的王子而互相排挤、倾轧。不管诗人笔下的乡村多么淳朴、自然,也不论他们把宫廷描述得多么易于背叛、不忠,或者像傻瓜那样天真地相信这一切都是真实的,可有一点毋庸置疑,那就是农夫和大臣都是人,他们有着同样的本性和情感,只不过表达方式不同罢了。

说到庸俗的评论,那么我要提醒你,切忌人云亦云,更不要接受或者支持俗套的评论。只有耍小聪明的人和花花公子才会如此，并且乐此不疲，真正聪明的人只会鄙视那些自以为是的"聪明人"，甚至不屑于鄙视，而仅是一笑而过。

宗教是这些人乐此不疲的话题。他们老是围绕着牧师的职业说个没完，以为所有的牧师都只是为了获得权力和利益才献身宗教。基于这种想法，他们经常对牧师开些无聊的玩笑，说些侮辱人的话。在他们看来，每个教派里的牧师都是宗教的反叛者，不是酒鬼就是嫖客，只是有些人是公开的，有些人背地里干这些可耻的勾当。可是我认为，牧师跟普通人一样，既不会比他们好，也不至于连常人都不如。这跟牧师常穿黑色长袍或白色法衣没有任何关系。要是说到不同之处，可能就在于牧师有着更坚定的宗教信仰和道德观念，至少他们在生活方式和修养上显得更为正统严肃。

婚姻是这些人热衷的另一话题。他们常拿婚姻开玩笑，以显示自己的小聪明。在他们看来，每对夫妇不管在公众场合表现得多么恩爱，私底下一定是同床异梦，丈夫希望妻子滚得远远的，而妻子也总是给丈夫戴"绿帽子"。可是我以为，婚姻这种形式既不会让丈夫与妻子更爱对方，也不至于更恨对方。事实上，丈夫和妻子只是在婚姻的名义下共同生活，他们既不会爱对方多一点，也不会恨对方少一些，只是扮演着各自的角色。任何两个生活在一起的男女，即使没有结婚，彼此的关系也不过如此。

还有些关于国家或职业的俗套评论，其实也很荒唐可笑（或者对错参半），可是在他们谈起来就俨然是不容置疑的真理。这些评论成为那些没有真才实学之人的避难所。他们就像一个个"二道贩子"，一味地在人前倒卖那些从别处听来的俗不可耐的言论，以期得到别人的重视。遇上这样的情况，我绝不会给这

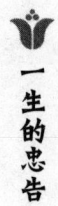

些无礼的家伙好脸色看。当他们希望我对这些拙劣的笑话回以大笑时,我总是严肃地盯着他们,或者说"好吧,不过如此"之类的话敷衍过去,就当他们什么都没说过。这会令他们仓皇失措,因为除了这些无聊的笑话和俗套的评论,他们金玉其外,败絮其中,什么新意也翻不出。

明智的人绝不会去倒卖俗套的评论,反而把这个视作耻辱。他们常说的是对谈话有意义或能活跃气氛的话题。他们言语诙谐幽默、不落窠臼,更不轻易讽刺他人;有时话题严肃正经,可是并不呆板、无趣。

──第55封信──

温和的智慧

　　智慧是如此夺人眼目的才能，每个人都称颂它，大多数人都想得到它，所有人都畏惧它，只有少数大智大慧的人才真正拥有它。

亲爱的孩子：

如果上帝赐予你智慧（虽然对此我还不能确信），那么我希望他一并赐予你良好的判断力，使你懂得在适当的时候展现智慧。正如你有把佩剑，平时只要插在剑鞘里，没必要拿出来在人前挥舞，吓唬别人。假如你真的是个聪慧之人，那么你的聪明才智会自然而然地流露出来，用不着你刻意去表现；否则，结果只会适得其反。

智慧是如此夺人眼目的才能，每个人都称颂它，大多数人都想得到它，所有人都畏惧它，只有少数大智大慧的人才真正拥有它。每个人都有自己的聪慧之处，不过千万不要自以为是，还要学会发现他人身上的闪光点。

若是将智慧用于讽刺他人，就会变成恶意的中伤。讽刺他人的时候，也许能表现出一定的智慧，可是只有傻瓜才会把讽刺看做智慧。真正的智者会寻找各种良机表现自己的才智，而不会通过讽刺他人来显示自己的小聪明。尽管讽刺并不是针对社交圈

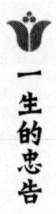

中的某个人，可是却能让所有人对你产生厌恶情绪，进而感到害怕。他们想着自己会不会是下一个被讽刺的对象，于是开始提防你憎恨你。相反，他们也不会因为你什么都不说就心存感激。害怕和憎恨比邻而居，关系亲密。因此，你越是聪慧，就越该表现得温文尔雅，以赢得人们对你聪慧的宽恕。这件事并不容易做到。

或许，你会问我，既然没有一个人拥有绝对的自由，那么该如何公正地看待自恋和虚荣带来的假象，如何才明白自己是否真的具备聪明才智呢？我能为你提供的最好的答案就是：不要轻信自己的判断力，它常常会欺骗你；也不要过于相信自己的耳朵，它总是贪婪地听信别人的奉承（要是你值得别人奉承的话）；只能相信自己的眼睛，观察上流人士的神情，看他们对你是欣赏还是厌恶。这需要你的仔细观察，判断自己是不是跟他们志同道合。然而，这还不足以判断你是否具备聪明才智。就像人们从不轻易透露自己的收入，聪明的人会小心谨慎地隐藏智慧的锋芒。只有凭借自己的理智，才能赢得别人对你长时间的喜爱。

智者的品格是如此耀眼，以至于每个人都想拥有，即便是最呆板无趣的市议员也不例外。他常常讲些呆板、无趣的笑话，自以为这就是聪明才智的表现；可是，他们所谓的智慧只是貌似而已。

牢记这些真理，也许你会因为自己的聪明才智而受人羡慕；而唯有伴之以理智和优秀的品质，才能使你真正受人喜爱。

——第56封信——

完美地展现聪明才智

人们通常对于嘲讽者抱有畏惧。坏人对你的不公也许很快就被原谅,可是嘲讽者对你的冒犯却常常难以释怀。因为前者最多危害你的自由或财产,后者却能伤害和侮辱你的自尊,这是很难让你从容面对的。

亲爱的小朋友:

之前在信中提到的聪明才智还有一种形式,它随处可见,甚至可以说被人们经常使用,那就是善意的嘲讽。若是到了笨拙、缺乏技巧的人手中,它就会变成危险的武器,容易伤害别人。最好的做法就是不要轻易嘲讽他人。一旦没有掌握好分寸,就会引起纷争,给人造成精神上的伤害。尽管伤人的事件每天都在上演,可是大部分人仍旧乐此不疲。

实际上,善意的嘲讽隐藏着嘲讽者对被嘲讽者潜在的优越感,可是没有谁喜欢被人看做愚笨、可笑之人,尽管他可能同样也会嘲讽别人。虽然善意的嘲讽一开始并没有恶意,可是最后难免不以伤人伤己告终,这完全取决于被嘲讽者的表现。若是他在嘲讽者面前无法保护自己,那他就会变得残忍无情;若是他有能力保护自己抵制嘲讽的攻击,那么嘲讽者就极为失望、难堪。这种善意的嘲讽不会被人接受,因为任何人都无法容忍自己的缺点

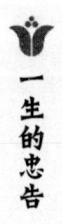

在人前毫无保留。人们通常对于嘲讽者抱有畏惧。坏人对你的不公也许很快就被原谅，可是嘲讽者对你的冒犯却常常难以释怀。因为前者最多危害你的自由或财产，后者却能伤害和侮辱你的自尊，这是很难让你从容面对的。

我允许你说些无伤大雅又能讨好别人的话。在你迂回曲折地称赞他的优点之前，你可以善意地嘲讽别人身上根本不存在的缺点。比如，你可以把亚历山大称作流氓，或者把美女说成丑姑。可是千万注意，这么做的前提是他的品质或是她的美貌是毋庸置疑的，根本不是他们的缺点。这种取乐方式需要一定的技巧，否则只会适得其反。稍微粗鲁一点，就被认为是对人的冒犯；稍微圆滑一点，就被认为是在讥笑某人，这是最令人厌恶的。

还有一种以模仿他人缺点来取乐的方式，我不愿将其称之为"智慧"，更确切地说这种方式是"嬉闹"或者"搞笑"。最擅长模仿的人也是世上最荒谬的家伙，就连大猩猩都比他强千百倍。他的专长就是模仿和奚落别人的缺点，并且将其夸张到不可思议的地步。对于这种人，我只想说，他们仅仅是为了娱乐下等人而存在的。

还有一类小丑，他们以逗人发笑为己任，而且毫无节制。这种人总是很受傻瓜们的欢迎，可是，在理智人的面前，他们的说笑总是受到冷落。这种人最令人鄙视，即便是在被他们逗乐的傻瓜面前也不会赢得尊重。

只有具备文雅的举止和良好的判断力，才懂得在适当的场合发挥自己的聪明才智。文雅的举止则容易获得别人的喜爱，良好的判断力会让你赢得他人的尊重，而聪明才智则会令这两种品质增色不少。

——第57封信——
坦然面对生活中的喜忧

确实，任何事物都像硬币一样有两面，有好的也就有坏的，这是我多年来认真观察思考生活而得出的结论。

亲爱的朋友：

你4月10日和13日寄出的两封信，我终于在最后一批邮件中找到了。在此，我要逐一答复你的问题。

你一直都热切地期盼着下个月（夏天）来英格兰，看看那些想见你的人。可是，由于天气的缘故，你无法成行。今年你不得不去汉堡避暑，到英格兰过冬，这恰好与你的期望相反。虽然这样的安排有违你的初衷，可是说句公道话，难道这么做对你不是更有利吗？汉堡地处北方寒冷地带，夏天气候宜人，去那里避暑岂非比在那过冬对你的身心更有利吗？而英格兰的气候正好跟汉堡相反，冬天不会太冷，在那儿过冬再合适不过；而夏天，整个英格兰就成了一座空城，你在那能干什么呢？虽然我违背了你的意愿，改变了你的行程，做出这样的安排，但是这并不是你的不幸，相反，你会收到意想不到的效果。

旅行也一样。你计划去卢伯克和阿特纳等地观光旅行，既可以游玩享乐，也可以增长见识，可谓一举两得。因为像你这么大

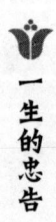

的年轻人,不可能去很多地方,见识形形色色的人。既然你都这么大了,我理所当然地认为你看人会更加深刻,不会像你第一次出国时那样只看到人的表面。

把上面所说的归纳起来,简而言之,你将会在今年冬天来英格兰过冬而不是夏天来避暑。千万不要把我说的话仅仅当做是一种安慰,就像麻木不仁的老顽固在安慰一个对快乐和痛苦极为敏感的年轻人。不,这绝不只是安慰,而是一种理性的哲学,是我30多年来人生经验和阅历的总结,而且我也以实际行动证明了它的正确性。

聪明人深知祸福相依的道理,他们不会因为降临在自己身上的不幸而产生悲观的情绪。确实,任何事物都像硬币一样有两面,有好的也就有坏的,这是我多年来认真观察思考生活而得出的结论。我可以从个人的生活经历中总结出一些聊以自慰的哲理,提出来供你学习。

没有几个人的德行是尽善尽美的,我们应该尽力发掘它的闪光点,而不是像人们通常所做的那样,将它的阴暗面公之于众。感谢上帝,你现在仅仅只是因为失望而感到悲伤,那么我还可以安慰你几句;可是不幸同失望不同,安慰对于不幸起不了任何作用。现在我们把你的问题整理一下,看看两者的关系吧。

我总是精益求精,绝不因为急躁而把事情搞砸。正是抱着这种信念,在我的人生舞台才得以上演精彩纷呈的戏剧。和大多数人相比,我享受更多的快乐,经历较少的痛苦。或许你会说:"江山易改,本性难移。"假如一个人生来极为敏感,天性悲观沮丧,那么他总会情不自禁地设想最坏的局面,这种倾向也很难改变。我承认你说的有一定的道理。可是换个角度,尽管我们没法彻底地改变自己的本性，却可以通过经常性的反思和有益的生活哲学来纠正我们的缺陷。如今，某些生活哲理已经融入我们的生活，比如，即使是最幸运的人偶尔也有倒霉的时候，正所谓"祸兮福所依，福兮祸所伏"。

……

晚安！最后请记住，对生活中的意外事件，既不可欢呼雀跃，也不必悲观消沉。

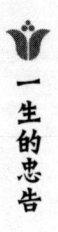

——第58封信——
看问题不能武断

所有关于一个民族和社会的笼统概括都是一孔之见,不可轻信。你必须依据自己对个体的认识来做评判,绝不要单凭他们的性别、职业或宗教派别就武断地给出定论。

亲爱的孩子:

相信不用多久,你对女性的看法会改变,会更乐意取悦于她们。现在,你似乎认为,自从夏娃偷吃禁果开始堕落起来,女性给人类带来了太多不幸。我个人同意你关于夏娃的看法。可是历史会告诉你,自夏娃起,男性给这个世界带来的不幸丝毫不比女人少。老实说,我认为你不应该轻信上述两种观点。

我要奉劝你,千万不要把男性或女性一棍子打死,因为特例总是存在的,这么做只会得罪一大批人。跟男性一样,女性也有好坏之分,而且好人居多,说来比男性的情况还要好。这一规律同样适用于律师、士兵、牧师、大臣、公民等不同群体。他们都是男性,有着某种主导的情感,只是由于所受教育的差异,导致其行为举止有所不同。否定他们中间的任何一类人,不仅轻率,而且有失公正。有时候,个人可能会原谅他人对自己的不公正,而群体和社会绝不会轻易放过这种行为。许多年轻人认为嘲笑、辱骂牧师是件相当体面、有趣的事,其实他们犯了大错。我认为,牧师除了身穿黑色长袍外,跟普通的男性没什么区别,既不比他们好,也不会比他们坏。所有关于一个民族和社会的笼统概括都是一孔之见,不可轻信。你必须依据自己对个体的认识来做评判,绝不要单凭他们的性别、职业或宗教派别就武断地给出定论。

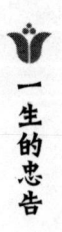

——第59封信——

不要成为心不在焉的人

> 然而,对年轻人和普通人来说,他们并没有从事伟大的事业,他们的心不在焉就不可原谅,而装腔作势也只会让人厌恶,渐渐被人疏远、孤立。

亲爱的孩子:

从海德堡到沙夫豪森这一路上你一定吃了很多苦吧。你睡过稻草堆,啃过发黑的面包,坐过破旧的马车,其实这些都只是旅途中的调味品,还算不上真正的疲劳和痛苦。想到在今后的旅途中还有更大的考验等着你,上述种种考验倒也来得正是时候。人的一生总要遇到许多艰难险阻,对那些努力提高自己德行的人来说,你所遇到的只是一些小麻烦。在人生的旅途中,"理解"就像一辆轻便马车,其功能的好坏决定了你的旅行是否顺畅。因此,你每天都要对它进行检修,不断提高和加强它的性能。"理解"有着强大的能量,这值得我们每个人尽心尽力去做;若是有人忽视它,就会自尝苦果。

我觉得有必要跟你谈谈"心不在焉"这个话题。你也知道,我对你的爱有别于其他父母对子女的溺爱,我不会对你的缺点视而不见,相反,我的要求更严格。我想身为父母的不仅有权利,也有义务向你指出这些缺点,而你也应该及早改正它们。值得庆幸的是，在我的严格审视中，我还没有发现你有什么糟糕的毛病。不过我还是发现你有点懒惰，注意力不太集中，对事情漠不关心。这些缺点若是出现在老年人身上，那还可以原谅，因为他们的体力、精力都已经衰退，只求平安度过余生。而年轻人就应该雄心勃勃，总想着出人头地、超过别人，在追求理想的过程中积极主动、灵活敏捷，并且坚忍不拔。就像恺撒所说："要么不做，要做就要做到最好。"你若是想要出人头地，就要有强烈的欲望，经历必要的痛苦。正如想要取悦别人，没有强烈的欲望，不投入大量的精力，也不可能做到。我想这一准则对任何事情都适用，诗歌例外。任何一个智力中等的人，只要肯努力，就一定能在他所关注的事情上取得成功。

……

做事全神贯注，再辅以适当的训练，是具备这些素质的必要条件；否则，你就永远不可能跻身这个世界上伟人的行列；而且对你能否在社会上过得舒服、惬意，能否取得其他的成就有着密切的关系。事实上，任何有价值的事情都值得你认真去做；若不是全力以赴，将一事无成；即便是做不重要的事，也需要你全身心地投入，比如跳舞啊，还有穿着之类的小事。社会习俗要求青年男子在某些场合能应景地跳上一曲，所以你要记住，当你学习跳舞的时候就要端正态度认真学习，不要闹笑话，即使有时候动作看起来有点可笑。穿着也一样。人都要穿衣服，对于穿着你一定要讲究。不要跟花花公子比穿着，尽量避免穿奇装异服，以免受到嘲笑。你要时刻注意，要根据你的年龄和身份穿着，还要适合你出席的场合。

一个漫不经心的人，往往也是一个意志薄弱或装腔作势的人，他在团体里一定也跟大家相处不来。他会忽视基本的社交礼节，昨天还和人家亲热得不得了，今天见到却理都不理；大家的谈话他不参加，却时不时插入一句无关的话，就好像是刚刚从梦中醒来一样。很明显，这种人要么注意力难以集中，无法一心二用；要么过于装腔作势，只能专注于大的方面，而忽视细节。除了像牛顿爵士、洛克先生等有过举世瞩目的发现的人，由于所从事的研究工作需要他们全神贯注，因此他们对日常生活的一些细节难免疏忽，这是可以原谅的。然而，对年轻人和普通人来说，他们并没有从事伟大的事业，他们的心不在焉就不可原谅，而装腔作势也只会让人厌恶，渐渐被人疏远、孤立。当你身处某个群体，不管你觉得那些人有多么卑微，都不要轻易表露你的想法。你最好与他们保持步调一致，尽量忍受他们的缺点，而不要轻易流露出你对他们的轻视。没有什么比轻视更让人难以接受的，肉体上的伤害容易忘却，精神上的侮辱却会让人刻骨铭心。

　　因此，你若是宁愿取悦别人而不是冒犯别人，宁愿接受赞美而不是指责，宁愿被人喜爱而不是被人憎恨，那么请记住，时常对人表示关心，以此满足他们小小的虚荣心。若是打击他们的自尊心，那么多半会招致怨恨，至少也会令他们心情不快。例如，大多数人（我甚至会说所有的人）都有缺点，都有自己的好恶。若是你嘲笑一个讨厌猫或是干酪（大多数人都不喜欢）的人，那么他会以为受到侮辱；或者你明明知道却还是心不在焉地让猫跑到他面前或把奶酪放到他面前，他更会觉得受到你的伤害；这些他都会牢记不忘。反之，不管你是尽力帮他得到喜欢的东西，还是消除他讨厌的东西，至少要表现出你对他非常关心，那么就能满足他的虚荣心，甚至还可以和他成为朋友。这比费尽心机地招待他更管用!

你的目的是要掌控这个伟大的世界,而你所接触的直接对象是欧洲各国的日常事务以及各方面的利害关系,还有各国的历史、宪法和习俗。任何一个理智的人,只要加以适当的训练,都可以完成得相当出色。你只需留心学习,很快就能掌握古代史和现代史、地理学和年代法。其实掌握这些知识不需要你具备与众不同的天赋或是创新能力。通过仔细阅读优秀作家的作品以及从现实生活中学习相关的例子,可以帮助你准确清楚地说话,从容优雅地书写,这些素质对你目前的职业非常有用。只要你愿意,就能够掌握它;如果你还没有掌握它,老实说,我会非常失望。因为一切尽在掌握中,而你却没有做到,那就是你的问题。

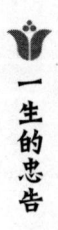

——第60封信——
做事的学问

人们时常由于自己的意愿说些违心的话,可是脸上的表情却出卖了他们内心的真实想法。

亲爱的孩子:

我很高兴你去听了班切国王的庭审,你能婉转地批评法庭上那些人的心不在焉,尤其令我欣慰。你曾亲眼看见不专注的人行为有多么不得体,相信你必定也有同感,以后绝不会在自己身上犯类似的错误,并且为此内疚。心不在焉是意志薄弱的人最醒目的标志。

任何有意义的事情都值得认真去做,而敷衍了事必将一事无成。你若是问傻瓜在某个时候曾说过或做过什么,他肯定会说:"事实上我并没留意。"那么,为什么傻瓜做事都漫不经心呢?除了正在着手的事情之外,他的心思还放在什么地方呢?脑子清醒的人对于身边的事情总是密切关注、仔细聆听。我可不想听到你像个傻瓜似的不停地抱怨往事模糊。

请留心倾听人们的言谈,并且注意他们说话的方式;如果你还算聪明,你就能够用自己的眼睛而不是耳朵发现更多的真相。人们时常由于自己的意愿说些违心的话,可是脸上的表情却出卖了他们内心的真实想法。因此,与人交谈时,请察言观色。有些话不用直接说出来，通过观察说话人的表情变化，也能够猜测出来。

最重要的学问（我是指为人处世的学问）若是没有专心致志的观察，便无法学会。我认识许多老人，他们做事轻率、漫不经心，马齿徒增，可还像孩子似的无知。人们在实际生活中所需遵守的规则或想要掌握的学问背后，隐藏着某种真理，可是表面上却非常相似。唯有专心致志和聪明的人才能透过这层面纱，了解隐藏在背后的真理。你现在到了该独立思考的年龄，应该学会观察和比较不同人的个性，掌握最基本的社交礼节，起码要掌握为人处世之道。与某人初次见面，虽然你并不想跟他结交，可他却主动向你示好，那你就客客气气地接受他的好意，但是要存一个小心，因为没有人第一眼看见对方就会如此强烈地喜欢上他。如果他总是表白自己的诚意，甚至对天发誓，你心里应该清楚，他只是在撒谎，目的在于骗取你的信任，否则不会这么用心。

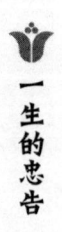

——第61封信——
不要忽略细节

> 类似的琐碎之事何止千千万万,明智的人都应该以遵从它们为乐。愤世嫉俗的戴奥真尼斯绝不会轻易显露自己的聪明才智,而傻瓜则时时卖弄表现自己的小聪明。

亲爱的孩子:

圣诞节近在眼前,我已经请丹斯诺耶先生去你那儿,教你跳舞。你可以注意一下自己跳舞时的手部姿势是否优雅,看看戴帽子或与人握手时是不是像个真正的绅士。舞蹈虽然是件极其琐碎、无聊的事情,可有时候,对明智的人来说,它是必须掌握并尽可能要做好的事。尽管我并不指望你成为一名优秀的舞蹈家,可是既然你开始学习了,就要力争把它学好,就像我希望你做每件事都力求完美一样。

世上无小事,只要它值得做,你就要做到最好。就像我常跟你说的那样,即便是玩板球这种事也要做到最好——成为威斯敏斯特最棒的板球手。比如,说到穿衣,其实也是件很琐屑的事。可要是一个人穿得邋里邋遢,与他的身份和生活方式不相称,那这个人肯定就无药可救了。穿着体面、得体,绝不会受人轻视。虽然明智的人和花花公子都很讲究穿着,可是他们之间也有区别：花花公子总是华装丽服，想以此来抬高自己；而明智的人，一方面不屑于这种在穿着打扮上花费太多精力的行为，另一方面绝对体现出得体优雅。

  类似的琐碎之事何止千千万万，明智的人都应该以遵从它们为乐。愤世嫉俗的戴奥真尼斯绝不会轻易显露自己的聪明才智，而傻瓜则时时卖弄表现自己的小聪明。如果可能的话，让自己变得比别人更聪明，可是千万要把这种聪明隐藏好。

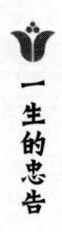

— 第62封信 —

远离懒散和斤斤计较

> 懒惰者对任何问题都不愿意深入了解,一旦遇到困难就畏缩不前(任何值得我们了解、掌握的东西都要付出一定的代价),总是安于现状,不思进取,因此获得的知识也极为肤浅、有限。

亲爱的孩子:

我最害怕你会染上这两种毛病:第一种是懒散,懒散阻止人们深入思考;第二种是在一些琐事上浪费时间,这使人显得荒谬可笑。

懒惰者对任何问题都不愿意深入了解,一旦遇到困难就畏缩不前(任何值得我们了解、掌握的东西都要付出一定的代价),总是安于现状,不思进取,因此获得的知识也极为肤浅、有限。这种人认为世上绝大多数事情都不可能实现,几乎没什么事情值得他们为之付出努力。他们时常为自己的懒惰找各种各样的借口,以为遇到的困难都难以克服,或者至少假装无法克服。若是让他们在某个对象上集中精神一个小时,那简直不可能。他们看待任何问题都只停留在表面,绝不会尝试从各种角度去思考。一句话,他们从来不会彻底思考问题。结果,当一个善于思考的人站在他面前和他交谈时,他就常常反应不过来,这时才发现自己的无知和懒散，但为时已晚。

在小事上斤斤计较、费尽心思者恰恰同懒散者相反，这种人总是显得十分忙碌，却总是白忙一场。他们往往忽视重大的问题，却把大量时间和精力都浪费在鸡毛蒜皮的小事上。他们喜欢一些小装饰品，比如蝴蝶、贝壳、昆虫之类，这是他们最喜欢研究的对象；他们热衷于研究交往之人的穿着打扮，却不会留心观察他们的个性；他们对游戏的细枝末节而不是游戏的真正意义更有兴趣；他们热衷于宫廷各种烦琐的礼仪而不是政治观点。这种人简直是在虚度人生！

你千万不要被眼前的困难吓倒，应该像个真正的绅士那样，有决心解决任何问题。对人文社科或自然科学中某些比较专业的科目，如筑城术或航海术之类，就没有深入研究的必要，只需有个大致了解，能在日常交谈中应付几句就行了。顺便说一下，考虑到你所从事的工作，多了解筑城术对你有利无害。因为在你这一行里，人们聊天的时候经常提及历史上的攻城战役，其中会出现许多筑城术的术语，如果你有丰富的筑城术知识，那么就能获得人们的好感。不管从事何种职业的绅士，必须熟知某些必要的知识，形成自己的知识体系，而且还应该深入研究下去，比如，各国语言、古代史、现代史、地理、哲学、推理逻辑学、修辞学等。对你而言，尤其要关注欧洲各国的宪法以及民事军事状况。我承认，这确实是一个庞大的知识体系，完全掌握它非常有难度，而且还要付出大量心血。可是，积极勤奋的人会克服所有困难，迎难而上，并且最终获得相应的回报，即所谓"天道酬勤"。

请认真阅读有益的书籍，探索书中的真谛，在没有完全读

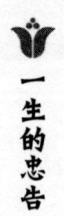

懂之前绝不要放弃。与人交谈时，请选择一些能激发谈兴的话题，比如重大的历史事件、著名的作家作品、各国的风俗习惯——比如日耳曼人或马耳他人……千万不要谈论天气，评论他人的穿着，或讲些白痴的故事，这些话题没有任何意义。积极主动的交谈能带给你欢乐和必要的信息；同时，你也能借机观察别人对某些问题的不同看法。千万不要羞于甚至畏惧提问。如果你提出的问题有价值，而且注意了场合，那别人绝不会把你当成鲁莽之人。

正如我前面说过的，你最多还有3年时间可以利用，而这关键的3年将决定你是否能成就一番事业。看在上帝的份上，好好想想吧！难道你想把时间都浪费在毫无意义的琐事上，整日里无所事事？或者你并不想珍惜现在的每时每刻，要知道它本可以为你带来欢乐、声誉和良好品性？我相信你会做出明智的选择。

——第63封信——
愚蠢的开销

希望你把钱花在刀刃上，例如，绅士所必需的服饰配件和娱乐开销，绝不希望你把钱用在花天酒地上。

亲爱的朋友：

到巴黎之后，你就要开始独立生活。临行前，我们父子之间有必要就某些问题再沟通一番，以便彼此加深了解，同时也是为了避免以后发生矛盾。金钱是大多数父子发生争吵的导火线，也是人世间诸多不幸的根源。在父亲看来给儿子的零花钱够多了，可是儿子总觉得不够用。其实，父子两人的想法都有问题。你必须公正地认识到，迄今为止我还从来没有在你的用度上吝啬。我总是量满足你必要而有益的花费。顺便说一句，同样是旅游，你这次的花费就大大超过了我，可是我也没有向你抱怨，不是吗？当你的日常开销由哈特先生安排时，我并不担心，因为他会精打细算地把每分钱花在必要的地方。但是，你很快就要离开哈特先生，独自掌管自己的日常开销。我向你保证，我非常乐意为你提供所需的生活费用，我们之间绝不会因此发生争吵。可是生活费的申请和划拨必须有个具体的数额，一旦我核算好了这笔费用，我就会马上通知你。我将给你一笔固定的补助，或者视情况来定是否取消这笔钱。尽管我心里很清楚应该给你多少钱，可是我还

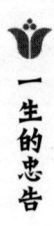

要看看你的预算,以便对你的日常开销有个大致的了解。

现在,我要告诉你的是,如果你的钱都花在应该花的地方,那么丝毫不用担心钱不够用,我会给你提供源源不断的生活费;如果你的钱花得不明不白,那么趁早告诉你,我随时会中止给你的拨款。哈特先生会为你安排好在巴黎的住所,并且给你指出合理的花钱渠道,替你准备成为时尚人士所需的一切,我也会继续支持你。在巴黎,你将拥有自己的四轮马车、贴身男仆和一处体面的住所。我会给你准备一些符合时下潮流的服饰,不会过于朴素,也不会过于花哨而招人非议。我保证让你像个真正的绅士那样穿着得体。你必须经常保持体面,而我也很乐意支付这项开销。除了以上提到的必要开销之外,在巴黎其他方面的开销远比英国要多。所幸目前巴黎尚未出现在酒席上一掷千金或巨额募捐的恶劣习气,否则我还真怕你和这些恶习沾上边。我估算着,这就是一个绅士在巴黎所有必要的开销(我很乐意为你支付),现在来谈谈我无法忍受也不愿支付的费用。

首先是赌博。尽管我没有理由怀疑你会参与其中,可是你要明白,一旦你参赌我决不会为你偿还任何赌债。或许你会急切地以自己的名誉向我担保绝不会发生这种事,老实告诉你,只要你有一次不守信誉,那么以后休想再获得我的信任。

其次是庸俗之人的低级娱乐。跟上流人士的高尚娱乐相比较,它们的花费有过之而无不及。和庸俗之人在一起,你通常得为酒后闹事向酒馆老板支付不菲的赔款;而跟风雅之人,尽管偶尔也会放纵一下,但是开销绝不会超过前者。因此,千万别让我听到你在酒馆打架斗殴的消息。

还有一个重要的问题,就是关于你和巴黎女性的交往。我并不想从宗教、道德或是为人父母的立场跟你谈论这个问题，我甚至愿意暂且抛开自己的年龄，以一个同样喜爱娱乐的人的身份来跟你谈谈。记住，我绝不会为你支付嫖妓的费用，而且无论如何都不许你把钱花在歌女、舞女或女演员身上。我必须告诉你，如果你真这么做了，那么不只是我，任何头脑清醒、有理智的人都会极度地蔑视你。年轻人应尽量避免拿自己的健康和财产冒险。尤其是在巴黎，时尚女子普遍将风流韵事视为自己的职业。老实说，如果你做出这种事我绝对不会原谅，而且你的体质也不允许你这么放纵自己。每次犯病，尽管能够治愈，可是你的肺十有八九会变得更糟糕。我深信，以上告诫会对你产生一定影响。我要向你声明，如果上述情况发生在你身上，为了小示惩戒我将停发你一年的生活费用。

最后，还有一项愚蠢的开销是我不能接受的，那就是把钱花在礼品店的小玩意上。你可以拥有一个漂亮的鼻烟盒（要是你吸鼻烟的话）或是一柄锋利的佩剑，可是绝不要买一些华而不实的东西。

说了这么多，我想你应该明白我的意思了吧。希望你把钱花在刀刃上，例如，绅士所必需的服饰配件和娱乐开销，绝不希望你把钱用在花天酒地上。我们之间的这个协定，对我而言是一项辅助性质的条款，对你来说则必须严格执行。我保证按时给你寄生活费，就像英格兰在上次战役中表现出来的那样准时，与此同时我也要提醒你，必须小心谨慎地执行上述条款，要比上次战役中的同盟国更为谨慎，否则我将取消你的生活费。希望我这番话纯属多余，因为我们之间的感情远比金钱更重要、更可贵。不管怎样，我决定一次性跟你把话说清楚，好让你有个心理准备。不

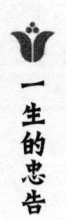

要等到最糟糕的事情发生时,你以自己事前全不知情为借口,并因为我没有充分地说明我的意图而心生报怨。

既然说到了"花花公子"这个词,那么我再补充几句。年轻人往往错误地把夜夜笙歌、纸醉金迷当做一种享受。花花公子是所有卑贱的、不光彩的、可耻的恶习的混合体,它们合起来玷污他的品性,糟蹋他的财富。一个放荡、可耻的男仆或看门人,会让最优秀的人染上这种恶习。年轻时,我从来没有跟它发生过关系。相反,我最厌恶、蔑视这种人。懂得享乐之人有时候也会沉溺于玩乐而难以自拔,可是总有一天他会希望自己过去的娱乐至少应该有点品位,显得庄重和高雅一些。很少有人真正懂得享乐,所以每个人都可能成为花花公子。请记住,你在巴黎的所作所为我洞若观火,请你务必遵照我们的协议……

——第64封信——
好的价值观决定美好未来

　　当我告诉你，将来你很可能会成为国务秘书的时候，你认为我在嘲笑你。不，相信我，我没有半点嘲笑你的意思，而是很严肃地跟你谈论这个问题。你若是以此为目标，并且运用适当的方法去实现，那么就会成为那样的人。

亲爱的小男孩：
　　考虑到你已经长时间不用法文写信，你这封法文信写得还差强人意。不过信中还存在一些错误，等下次见面时我再一一指明。为此，我会将你的信随身携带着。
　　一个人如果不知道自己错在哪里，就无从改正错误，也不可能有所提高。那些敢于指出我错误的人，我总是视之为友，而不会因此讨厌他甚至生他的气（通常人们的气量都很小）。
　　每一个有着高贵精神的人都渴望取悦他人、赢得人心，继而成为万众瞩目之人；而傻瓜和懒汉却悲观地认为他们的前途荆棘密布，整日里郁郁寡欢，缺乏斗志。其实，这完全与未来光明与否无涉。每个人美好的未来都是由其内在价值决定的。
　　谨慎是一种必要的品质，拥有它就能掌控自己的未来。因此，请把它当做你的座右铭，时刻铭记在心。我相信，你很快就

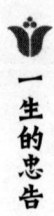

会喜欢上积极、主动学习的感觉。我恳求你，能更加愉悦地支配你的时间。年轻人常把时间浪费在毫无意义的玩乐上，这是自私短视的行为，主动地学习不是比无休止的玩乐更有益于身心吗？

当我告诉你，将来你很可能会成为国务秘书的时候，你认为我在嘲笑你。不，相信我，我没有半点嘲笑你的意思，而是很严肃地跟你谈论这个问题。你若是以此为目标，并且运用适当的方法去实现，那么就会成为那样的人。学会写好各类信件、培养在公众场合演说的能力，这些是你成为国务大臣的必备条件，勤加观察和练习你就能够非常容易地掌握它们。不管怎么样，请下定决心，努力为这个目标奋斗。

你应该知道，我对你抱有多大的期望！因此，请不要吝啬你的精力和意志，将其投入到努力奋斗中，朝着既定的目标奋勇前进。上帝会保佑你的！

——第65封信——
规划自己的将来

希望你明确地告诉我,对今后的人生道路有何规划,究竟想从事什么职业。目标明确以后,我们才可以想想应对之策,以便尽早为你今后的发展打下基础。

亲爱的孩子:

我渴望收到你的新年礼物。老实说,你越是用心去准备这份礼物,越能加重它的分量,我对你的谢意也越大。此外,我希望每年都能看到全新的你。看到你缺点越来越少,修养日益提高,学识见闻明显增长,我将倍感欣慰。

既然你无意成为皇室随从,可又想创一番事业,那么在大学里谋取一份传授希腊语的教职如何?这份工作很轻闲,报酬也不错,而且只要懂点希腊语(你现在的希腊语水平足够了)就可以胜任。如果你对这份工作也不感兴趣,那我真不知道还有什么工作适合你。现在,该是你为将来谋划的时候了。希望你明确地告诉我,对今后的人生道路有何规划,究竟想从事什么职业。目标明确以后,我们才可以想想应对之策,以便尽早为你今后的发展打下基础。

哈特先生说你想从政,果真如此的话,你大概想接我的班——做国务秘书。随时欢迎你来看望我,我也十分乐意把手头

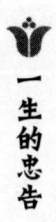

的事情交托给你。假如你想从事其他行业,并且在那个行业中出类拔萃,那么事先就要下定决心做好充分的准备。首先,考虑从事这份工作需要具备什么样的素质;其次,衡量自己是否已经具备,若还有欠缺,就要赶紧"充电"。你必须精通欧洲古代史和现代史;熟悉各国语言、宪法和政府组织形式;了解古代和现代欧洲强国的兴衰史,思考兴衰的原因;熟悉欧洲各国的国力、财力和商业贸易等。这些知识对一般人而言也许无所谓,但对政治家来说却必不可少。为了自己的将来,你要好好掌握这些有用的知识。

拥有这些还不够,你还得利用空闲时间掌握其他一些必要的素质,这会让你在工作中如虎添翼。比如,你得善于控制自己的情绪,不因物喜、不以己悲;耐着性子听完他人轻佻、鲁莽甚至无礼的要求,然后巧妙地予以回绝,还要注意不能得罪对方;懂得既能巧妙地隐藏真相,又不让人觉得你在撒谎;学会察言观色,不要轻易喜怒形于色;表面上坦率真诚,内心则要有所保留。这些对政治家来说是入门的基础,而社会将给你提供实践的舞台。

我会在你身边一直支持你、保护你,直到你成功为止。

——第66封信——
做事要分轻重缓急

要养成有条不紊的行事风格需要讲究章法，凡事能分清轻重缓急。这样才能逐步地把事情做得有条有理，才能收到良好的效果。

亲爱的孩子：

如果你想功成名就，就要养成有条不紊的行事风格。那些能力一般的人，因为做事习惯好，也能把事情完成得很出色；相反，那些能力得到大家一致认可的人，如果他办事时不注意条理和方法，也很难成功。如果一个人做事时缺乏清晰的条理和周密的计划，是很难有什么大作为的。

要养成有条不紊的行事风格需要讲究章法，凡事能分清轻重缓急。这样才能逐步地把事情做得有条有理，才能收到良好的效果。

在处理日常各种纷纭复杂的事务时，许多人缺乏准确的判断力，分不清孰轻孰重，不知道究竟应该先办哪一件事。这些人认为每个任务都是一样的，只要时间被忙忙碌碌地打发掉，他们就会发自内心地高兴。他们只愿意去做能使自己高兴的事情，而不管这个事情是否有必要去做。

评价一个人的能力的大小，主要是看他办事是否有条理。如

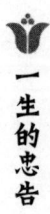

果一个人掌握了方法，做起事来有条不紊，能够系统地安排自己的工作，就能节省大量的体力和脑力。否则就会无端地消耗自己的精力。在同样的时间内，办事有条理的人比那些没有任何条理和章法的人，肯定能完成更多的工作，而且他们往往能比后者收获更多的快乐。

一个人如果因为心情糟糕或是不能抵制住社会上的其他诱惑便放弃学习或工作，第二天他为了弥补昨天的过失，就必须坚持连续学习或工作好几个小时。这样的人，无论是学习还是工作，都很难取得优异的成绩。

许多教育专家认为，同样一门功课，一个学生有规律地每天坚持学习两个小时，另外一个学生则完全凭自己心血来潮来决定是否学习，以及学习的时间长短。如果他一时兴起，便一口气学习上七八个小时，以后连续几天扫都不扫一眼。而最后的结果，前者明显能比后者取得更好的学习效果。后者也许在总数上花的时间要更多，却没有系统性，不注意方法，没有持续不断地努力，这样子付出的劳动是事倍功半的。事实上，即使是一位天才，如果他不注意秩序与条理的话，也会白白浪费掉自己四分之三以上的能量。

许多天资一般的人却比那些才能超群的人取得了更大的成就，人们常常觉得奇怪。但通过仔细分析，其中的奥秘不难发现：那些天资一般的人之所以取得成功，就在于他们养成了有条不紊的做事习惯。而那些才能超群的人，虽然很聪明，却缺乏必要的条理，无论他做什么事，都将以失败收场。

亲爱的孩子，无论你是在学习还是在休息，我都希望你能把生活安排得井井有条，那样的话，你做起事来就会事半功倍。

明智的规划是成功的第一步。只有懂得规划的人才知道自己要去往哪里，自己的进展如何，也完全明白自己什么时候能到达终点。的确，学会规划自己的人生，你通往理想目标的大道才会充满阳光。亲爱的孩子，这一点你千万要谨记在心。

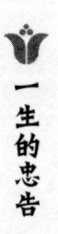

——第67封信——
益友难求

可见，独具慧眼的良师益友是多么难得！那些欣赏我们、帮助我们建立自信，提携我们成功的人，就是我们人生中最大的一笔财富。

亲爱的孩子：

世界上还有什么能比真正的友谊，会给人们带来更多的鼓励、帮助和快乐？古罗马政治家和哲学家西塞罗曾说过："如果生活中没有友谊，就好比世界失去了太阳，因为太阳是上帝赐予我们最好的礼物，而友谊则可以给我们带来最大的快乐。"

真正的友谊是朋友之间的一种亲密情感，它是人与人之间最大的善意，是人类最灿烂的感情之花，是人生最珍贵的典藏品，是每个人一生的宝贵财富。一帆风顺的时候我们需要友情的点缀和衬托，忧愁患难的时候我们更需要它来为我们排忧解难。真挚的友谊是每个人都期待的，当你遇到困难时，友情会给你闯关的力量；当你获得成功时，友情会为你衷心地祝福；当你感到孤独时，友情会向你伸出热情和友爱的手……它能驱散孤独寂寞，赶走忧愁感伤，带来欢欣快乐，使你心情无比愉悦。

在一个人的成长过程中，友谊的影响不容忽视，有时甚至能够让命运的大船改变航向。西里斯博士曾说："友谊可以决定一个人的命运。当年轻人忽视他身边的朋友时，其成功的机会就会大打折扣。"一个人的性格或多或少可能都会受到自己朋友或好或坏的影响。

　　对于许多人而言，良师益友对自己的帮助，可能是人生的一个转折。一个表现一般的学生，在具有敏锐洞察力的老师的精心调教下，很可能会从失败的沮丧情绪中走出，从而一鸣惊人。在这样的学生身上，这些老师会发现别人不曾发现的优点，有时候，这些优点连学生自己也意识不到。一个平时相当聪明的人，在关键的时刻，也可能会变得糊涂。当你面临人生的重大抉择时，朋友的建议往往一语点醒梦中人，让你重新进行正确的决策。

　　可见，独具慧眼的良师益友是多么难得！那些欣赏我们、帮助我们建立自信，提携我们成功的人，就是我们人生中最大的一笔财富。

　　在我们的生活中，友谊往往遭到误解，有些人错把酒肉之交看成朋友。其实更多情况下，只有当你陷于困境时，才能看清谁才是你真正的朋友。友谊在困苦时会鼎力相助，危险时会一马当先，胜利时会共同分享。如果要把友谊比作一束鲜花，忠诚和坦白就是种子，支持和帮助就是甘露。真正的朋友，在你身处顺境时，是你清醒的良药；在你身处逆境时，是你精神的支柱；在你喜悦时，是你脸上的微笑；在你痛苦时，是你心灵的慰藉。

　　亲爱的孩子，你要知道，朋友的类型有很多。那些在朋友面前敢于直言相劝、批评指正对方过错时不留情面的人，是真正的诤友；那些在朋友掉入人生低谷时能从旁指点迷津，鼓励朋友奋起直追的人，是难得的良师；那些能与朋友一起参与陶冶性情、有益健康的娱乐活动的人，是娱乐型的；那些与朋友相互角逐、彼此竞争，在竞争中相互学习、勉励、共同提高的人，是竞争型的；在朋友有苦恼向他倾诉时，他总是很认真、耐心地把话听完，给予劝说与安慰，是聆听型的。

每个人在一生当中都需要和各种各样的人打交道，也需要各种各样的朋友。你不能要求朋友完美，世上的人都有缺点，朋友也不是圣人。固执地追求完美的人做朋友，只能失去朋友和友谊，注定孤芳自赏、形单影只。

亲爱的孩子，你一定要学会善待朋友，维护好与朋友的友谊，认真浇灌自己生命中的友谊之花！

第七辑

漫游与学习

读万卷书,行万里路。

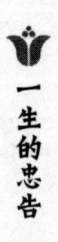

―― 第68封信 ――

边旅行边求知

很多旅行者往往一边观赏景点，一边互相交流。他们这么做当然无可厚非，可是你要记住，观赏景点只是旅行最基本的目的，而倾听和了解各地的风俗民情才是旅行的重点。

亲爱的孩子：

你9月23日从海德堡寄来的信件，我今天才收到。你开始有意识地去了解各地的风土人情，这让我很高兴。你带着强烈的好奇心观赏所到之处的风景名胜——比如法兰克福证券交易所门前的金牛、海德堡城堡地窖里的超级大酒桶——这么做非常好。很多旅行者往往一边观赏景点，一边互相交流。他们这么做当然无可厚非，可是你要记住，观赏景点只是旅行最基本的目的，而倾听和了解各地的风俗民情才是旅行的重点。因此，无论你到什么地方，不管你是打算长期居住还是作短暂逗留，都请把关注的目光聚焦在当地的政治形式和特殊的习俗习惯上。

留心观察这一地区由谁管辖，管理者有哪些权限，何时任职以及任期多长；最高权力掌握在谁的手中；当地的民事和刑事案件由哪类法官以何种形式审判。同样地，仔细打听、观察当地人的性格特征以及行为举止也很有必要。尽管就整体而言，人类的本性大致相似，可是受教育水平和风俗习惯的影响，不同地方的人表现出来的性格和言行极为不同。你只要多加留意，便不难发现。

我从没去过瑞士，所以希望你能偶尔跟我聊聊这个国家的组织形式。比如，瑞士有13个行政区，是由这13个行政区共同组成一个拥有最高权力的中央政府呢，还是每个行政区都拥有独立的自主权，各区之间没有任何联系，也不受宪法制约？每个行政区是否有权单独对外宣战或与其他国家结盟，而不需要征得其余12个行政区或多数行政区的同意？一个行政区是否可以向另一个行政区宣战？若是每个行政区都拥有自主权、互相独立，那么各区的最高统治权又掌握在什么人手中？是在一个人手中，还是在一个特定的集团手中？若是掌握在某个人手中，那么我们该怎么称呼这个人？若是掌握在集团手中，又该怎么称呼，是叫参议院、议会，还是别的什么？我想这些你以前肯定也一问三不知，可是只要向当地人打听一下就再清楚不过了。

毫无疑问，你肯定已经意识到，掌握这些信息将有助于你以后开展自己的工作，而且与那些了解这方面信息的当地人交谈也是必不可少的事。然而，大多数在国外的英国人只和同胞聊天，根本不接触当地人，这么一来，他们回国时还像出国前一样对那个国家所知不详。这是英国人的"假谦虚"在作祟，他们羞于参加当地人的社交圈，或者不懂社交场合经常使用的语言（尤其是法语），令他们无法融入进去。说到"假谦虚"，我希望你一定要摆脱它。你的体形跟其他人差不多，所以我认为你应该从穿着上下功夫，尽量穿得体面、讲究，不要穿奇装异服。既然如此，你为什么不去同形形色色的外国人交往，并且尽量表现得从容

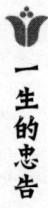

自然，就像在自己家里一样？你在怕什么、害羞什么呢？我以为除了缺点和无知，再没有什么值得我们引以为耻的了，所以只要尽量避免它们，那么无论在什么场合同什么人交往，你都不必感到担心、害怕。我认识一些人，他们感受到"假谦虚"带来的不便和痛苦，于是走向另一个极端，变得厚颜无耻，就像胆小鬼被逼得走投无路时也偶露峥嵘。而有教养的人往往能适度地与人交往，避免出现任何一种极端。他们从容自如，谦逊而不害羞，平和而有礼。如果他们刚刚踏入某个社交圈，就会用心观察这个圈子里最优雅之人的行为举止，然后积极地加以模仿。他们不会指出这个社交圈中某种习俗的缺点，然后自夸英国人习俗的优异（像我们的英国同胞通常做的那样）；相反，他们会称赞别人的食物、别人的穿着、别人的住所以及别人的举止，即使略有夸张也无妨。适度的谦恭有礼并不是什么过错，也不是可鄙的行为，这样才能赢得对方的喜爱和友善。

----第69封信----

在威尼斯：欣赏艺术品

在我看来，你应该提高对雕塑和绘画的鉴赏品位，不要把兴趣浪费在无聊的琐事上。前者总是与历史和诗歌相联系，后者只会受素质低下之人的追捧。

亲爱的孩子：

在你威尼斯游学期间，可以顺带了解一下威尼斯的政治格局。大多数旅行者对此相当陌生，而且不太容易搞清楚。你可以在旅行中通过阅读书报、细心观察或者向当地人请教来获取相关的信息。

威尼斯不乏许多古代的遗迹和伟大的艺术品，所有这一切都值得人们特别关注。许多旅行者在欣赏这些古代遗迹和艺术品的时候，就像去动物园看狮子或围观出巡的国王那样漫不经心。别人问起时，就说自己已经看过了。我相信，你看待它的目光一定迥然不同，本质上它们是与诗歌同类的艺术。欣赏雕塑或绘画作品时，请仔细观察雕塑家是否赐予石头以生命，或者画家是否赋予画布以生机，思考他们如何通过塑造艺术形象来寄予自己的情感和想法。同样地，你还可以考察同属于某个派别的艺术家是否存在统一的创作准则，他们之间有着怎样的关联，甚至还不妨留意一下他们的穿着和举止。

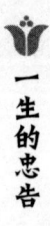

雕塑和绘画都属于人文艺术，丰富生动的想像，加上细致入微的观察，足以引人入胜。在我看来，音乐绝不可能超越它们的地位；可是在如今的意大利，音乐的地位却在雕塑和绘画之上。由此可以证明，这个国家的艺术正在衰落。威尼斯画派诞生了许多伟大的画家，比如提香、保罗·委罗涅塞等人。无论是在私人宅邸，还是在教堂里，你都能看到这些画家的优秀作品。圣·乔治教堂中保罗·委罗涅塞的那幅《利未家的宴会》，被认为是其最杰出的代表作；还有提香的《科隆纳家族》，你都可以去欣赏一下。在我看来，你应该提高对雕塑和绘画的鉴赏品位，不要把兴趣浪费在无聊的琐事上。前者总是与历史和诗歌相联系，后者只会受素质低下之人的追捧。

在去罗马和那不勒斯之前，你必须尽快学会意大利语，以便到时意大利人讲话你不仅能大致听懂意思，还可以时不时地回应几句。意大利涌现了许多杰出的历史学家，他们翻译了大量古希腊、古罗马作家的作品。其中两位意大利诗人尤其值得你关注，他们是亚里士多德和塔索。毫无疑问，这两个人是意大利有史以来最伟大的诗人。

——第70封信——
在罗马：学习优雅的谈吐

可是我要说，假如你真的爱上某位女子，那么就要对她关怀备至，否则你不会得到任何回报。男人的容貌对于女性并没有我们通常想像的那么重要，她们更青睐那些懂得关心自己的人。

亲爱的朋友：

很久没有收到你的来信了，我猜大概是罗马把你深深地吸引住了吧。若真如我所望，你是被罗马人的行为举止所吸引，把时间花在感兴趣的问题上，那么我不想占用你太多时间。你上午学习，下午参观名胜古迹，晚上还要参加各种社交活动，这使得你不可能有更多时间给我写信。也许你以后再也没有机会去罗马，因此你现在应该好好地游历一番。我不但希望你带着极大的兴趣欣赏罗马的建筑、雕塑和绘画（这些艺术值得你去欣赏），而且更希望你对罗马的宪法和政府机构有所了解。当然，即使我不提醒，你也会去关注它们的。

你在罗马的娱乐活动怎么样？与那里的潮流合拍吗？我的意思是说，你是否与时髦人士交往？——这是令你变得时尚的唯一方法。你是否与任何显赫的家族相处融洽，并且能否容忍别人叫你"小斯坦霍普"？有没有一些时尚的、受过良好教养的女士善

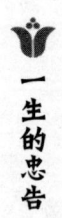

意地为难或嘲笑你？你是否找到了值得向他学习礼仪的大师？若能从容应对这些事情，就能培养你谦恭有礼的品质。我不会试探性地问你有没有心仪的异性，因为我相信你不会告诉我实情的。可是我要说，假如你真的爱上某位女子，那么就要对她关怀备至，否则你不会得到任何回报。男人的容貌对于女性并没有我们通常想像的那么重要，她们更青睐那些懂得关心自己的人。

> 你不是喜爱她美丽的秀发吗？
> 那就用最温柔的方式对待她；
> 眼波柔和、仪态优雅，
> 语调亲切地向她致意。
> 诗歌徒劳，缪斯无用，
> 没有格雷斯的相助；
> 诗神也不能成功地，
> 收回女仆飞扬的心。
> ……

男人的言谈举止远比他们的长相重要。没有优雅、得体的谈吐和举止，就无法博得女性的青睐。这种言谈举止特别容易赢得尊重，与此同时，也会让人感到舒适、自然。你与女性的交谈或来往，不可能、也不应该一成不变。对她们应该细心周到，时不时地恭维她们几句——精美的扇子、漂亮的丝带或者雅致的头饰常常可以作为你大献殷勤的对象。无论如何，男人应该跟女性多套套近乎，不应该沉默不语。通常情况下，除非她们认为对方是因为深爱自己才保持沉默；否则，沉默被认为是一种愚钝的表现。女性信奉这样的观点：

> 恋爱中的沉默带来的悲伤，
> 远胜于言语，是他缺乏风趣？
> 我们知道，迟钝的乞丐，
> 值得人们加倍地同情。

你是否已经掌握用某种语言恰当地表达爱意的技能？查尔斯五世曾用专门的语言与情人说话。你是否学会了用她经常提到的昵称？我希望你已经掌握而且不要忘记她是如何称呼自己的马儿。你也必须掌握她同法国人交谈时的话语。不管用何种语言跟人说话，你都要注意用词准确、表达贴切，这么做能带来积极的影响。要是你想获得成功，就务必要让自己的每一句话都给人无尽的欢欣。语言是思想的外衣。人们肯定注意自己的着装，不会穿得衣衫褴褛、满身污垢；同样，思想也需要语言的装饰，这样才不至于太过苍白。顺便问一句，你有没有留意自己的服饰与外表相称？你有没有精心打理自己的牙齿？让罗马最好的牙医帮助你矫正一下。你有没有也像其他年轻人那样，身穿蕾丝花边的衣服，脸上擦着厚厚的香粉，还佩戴羽毛饰品？

为了使你有机会在罗马女性展现自己的才华，我请威廉特斯先生写信把你推荐给西蒙娜蒂夫人，她是米兰最时髦、最可亲的女士。这封信我一并寄给你。我还将在下一封信中给你寄去威廉斯特先生为你写给克莱丽思夫人的推荐信。这两位女士府上嘉宾云集、贵客如云，这两封推荐信足以把你介绍给他们。若是你收到这两封信，请尽快通知我；不然，我会请威廉斯特先生补写。

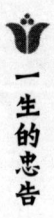

再见，我亲爱的朋友！努力学习，尽情享乐；要学会区分高雅的娱乐和低俗的趣味，前者是你追求的目标，后者则要坚决摈弃。

——第71封信——

在巴黎：学习、娱乐和社交

你必须花时间学习全新的知识，还要抽时间温习已有的知识。此外，你得花大量时间参加娱乐活动（我一再强调），这对你目前的学习来说非常必要。

亲爱的朋友：

虽然你在来信中经常提起自己的近况，哈特先生也会随时向我汇报，但是我仍然希望你能在来信中跟我多谈谈这方面的内容。

在巴黎，你必须合理安排好时间，否则你的时间不可能够用。为此，我热切地想知道你在巴黎究竟是如何安排时间的。哈特先生在你身边的时候，他会照顾你——这是他的职责，也是你的福分。可是在巴黎，你得先学会关心别人，然后才可能从别人那里获得帮助。对你而言，巴黎是一个全新的天地，与你以前看过的狭小世界完全不同，在那里你可以大有作为。假如你不想把账目搞得一塌糊涂，每次都为自己的开销越来越大而发愁，你最好每天早上都要检视一下账目。你必须花时间学习全新的知识，还要抽时间温习已有的知识。此外，你得花大量时间参加娱乐活动（我一再强调），这对你目前的学习来说非常必要。你可以通过与上流人士交谈，通过与他们一起用餐、娱乐等，使自己适应这个世界。

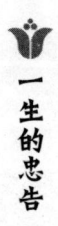

这些是你当前的主要生活目标，也是你要获得成功的必要步骤。若是一个博学多才、在各方面都很优秀的人，却没有通过亲身经历来观察这个世界，那他将显得荒谬可笑，也不会受到人们的喜爱。他或许会聊些有趣的话题，可往往与时间场合没有多大关系。他最好闭上嘴巴，什么话都别说。因为他完全没有留意特定的场合、特定的氛围，不假思索、口无遮拦。他说的话要么让人火冒三丈，要么让人目瞪口呆，要么使人恐惧不安，因为他们完全不知道他接下来又将说出什么话来。

绝不要轻易跟人们唱反调，宁可随声附和：尽量让别人自我感觉良好，而不是让他们羡慕你。这是我所认为的适应这个世界的准则，不信的话你可以在自己的社交生活中加以验证。一个只会传播理论而没有实际经验的人，只会在他缺乏活力的细胞中形成一种信念，例如，（就人类的普遍本性而言）奉承恭维是讨人喜欢的。于是，他便开始阿谀奉承。可他又是怎么做的呢？他不分青红皂白逢人便说好话。正如你要修饰画布上某个地方，就应该用柔和的颜料和精细的画笔进行加工，而不是用粗糙的画笔把大量的白色颜料涂抹上去，这只会把原来想要修饰的地方弄得更糟。他的阿谀奉承有时甚至会冒犯他的支持者，而且也会令他的情人大倒胃口。处世圆滑的人则非常善于此道，他们深知恭维的力量，知道该在什么时候、什么场合说什么样的恭维话。他们深知对症下药非常管用。他们不会赤裸裸地奉承别人，而是拐弯抹角地通过推论、比较和暗示的方法恭维别人。在这个社会中，一切都存在着理论与实践的差异。

我渴望你待在巴黎，那是你学习的好地方。在那里你会成为我所希望的人。

——第72封信——

在德国：学习如何赢得美誉

你的事业才刚开始起步，处事应该更为谨慎；小心地保护自己的名誉，不要因为一时的疏忽导致身败名裂。

亲爱的朋友：

自此以后，你要学会随机应变，像朝臣那样八面玲珑，这有利于你在仕途上的升迁；否则，只会延误你提拔的机会。你必须在汉诺威树立良好的名声，这对你在英国的发展有莫大的帮助。其实就本质而言，朝中大臣的事务跟皮鞋匠的活儿没什么区别，只要勤加练习，就能运用自如。所谓"熟能生巧"就是这个道理。唯一的麻烦就是如何区分正当、得体的品质以及与其相连的缺点，因为完美也会伴随着某种缺陷。例如，你有着良好的教养，而且待人彬彬有礼，可是并不讨厌烦琐、呆板的礼节；你尊重他人，认可别人的意见，可是并不表现出令人鄙视的奴性；你热情坦诚，可是并不轻率；你精打细算，可是并不小气吝啬；你有着高贵的品性，可是不以血统或门第为荣；你有自己的秘密需要保守，可是不会故弄玄虚；你意志坚定，充满大无畏的精神，可是行事谦虚谨慎。

如果你具备了这些品质，那么我向你保证，不论是在汉诺威

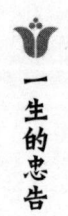

还是欧洲各国宫廷,你都会受到欢迎,并最终成就一番伟业。你的事业才刚开始起步,处事应该更为谨慎;小心地保护自己的名誉,不要因为一时的疏忽导致身败名裂。

不论是给我还是给其他人写信,你都要尽可能在信中褒扬国外的所见所闻,因为这些信件大部分都会被公开,只要信中流露出丝毫不满,就可能招来指责。鉴于从汉诺威到英国的通信相当频繁,请把你的信件放在一个小箱子里,这样就可以安全送到我手里。

还有一件事情,我得提醒你。从今以后,你会成为纽卡斯尔公爵的座上宾。他很喜欢喝酒,而且经常纵情狂饮,不可控制。你一定要好好保护自己,千万不要饮酒过度,一来你的身体承受不了,得为自己的健康着想;二来你醉酒后很可能丑态百出,毫无顾忌地跟人嬉笑打骂,国王(他可从来不会喝醉)对此可谓深恶痛绝。另一方面,你也不要显得过于严肃、拘谨,适当地应酬一下还是必要的。所以,你要学会一点小技巧:比如在自己的酒里稍微兑上点水,每次不要一饮而尽;如果不幸被人察觉,被罚喝更多的酒,那么不要大声地抱怨,你只需婉转地推说近来身体不适、疾病缠身,恳请大家谅解。年轻人的聪明才智不应该外露,反之老年人需要时时流露出睿智,不管他是否真的聪明。

如果你在汉诺威一切都很顺利,我希望在丹麦国王离开之前,你能在大使馆待上十天半个月。然后你再去布拉茨威格转转,那儿尽管地方不大,却是个礼仪之邦。你可以在布拉茨威格住上两三个星期,随你喜欢,接着前往卡塞尔,最后回到柏林,圣诞节的时候我会跟你相聚。动身之前,你可以在汉诺威请人写几封去布拉茨威格和卡塞尔的推荐信,至于柏林就不必了。在汉诺威，你处处都要谨小慎微。到了柏林，留心观察当地政府的职能和策略，因为与欧洲各国相比，柏林政治上显得更为特殊。如果你愿意的话，可以在柏林待上3个月，到时我们可以在柏林见面。

在汉诺威期间，我希望你能走访两三个地区，比如，遍地银矿的汉兹，大学城格廷根，商业中心斯泰德，还有小城泽尔。总而言之，你要走访德国各地，了解这个国家各方面的状况。你还可以去汉堡住上几天，了解一下汉萨共和国的宪法以及丹麦国王的政治主张。

最后，我还得再次强调，你必须在汉诺威建立良好的声誉，这对你十分重要。只有这样，你才能赢得英国国王的信任，受到他的器重。国王是我所见过的最看重细节的人，甚至比妇女更甚。总之，尽你最大的努力取悦他们。记住，最擅长取悦于人的人往往升得最快、升得最高。

第八辑

完善自己的人脉

不识天有饭吃,不识人没饭吃。

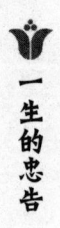

——第73封信——

掌握阅人术

大多数情况下，仅凭主导的情感无法完全了解一个人，这时你可以通过他身上不太明显的特点进行观察。其实认识、了解一个人有多种途径，走直路没法靠近他，不妨试试绕弯路，或许在远道上就能看清他了。

亲爱的孩子：

阅人术对每个人来说都非常有用，对你而言尤为重要。你注定要积极地参与到公众生活中，跟各种各样的人打交道，所以你应该彻底、全面地了解交往对象，以便跟他们相处融洽。这种知识没法通过系统的学习获得，只有通过你的观察和悟性去掌握。我会给你一些提示，若是你想今后有所作为，那么这方面的提示肯定对你有用，甚至会成为你人生前进道路上的助推器。

首先，寻找人们性格中主导的情感，然后深入研究它。同时，千万不要忽视了一些居于次要地位的情感，请把它们也列入你的兴趣范围之内吧，当你欲深入了解某个人时它们也会发挥作用。大多数情况下，仅凭主导的情感无法完全了解一个人，这时你可以通过他身上不太明显的特点进行观察。其实认识、了解一个人有多种途径，走直路没法靠近他，不妨试试绕弯路，或许在远道上就能看清他了。

我常跟你说，对于人类，我们不应该根据某些特定的原则得出普遍性的结论（尽管大部分结论都是真实可信的）。我们不能因为人类是理性的动物，就认定他们的所有行为都是理智的；也不能因为他们有某种主导的情感，就得出他们在行动中总会遵循这种情感的指引。千万不能这么想！人类是构造颇为复杂的机器，尽管每个人身上都有一个主引擎带动整台机器运转，可是还有数不清的小齿轮，它们若是性能良好，就会使机器运转更快速；可要是不幸出现故障，那么这台机器就会减速，甚至停止运转。

给你举个实例吧，以便更好地说明问题。假定野心是（它通常是）一位大臣的主导情感，而他自身又是个能力很强的人，那么是否可以推断，他会在事业上孜孜不倦地追求更高的目标呢？难道就因为他受这种主导情感的支配，所以在行动上就一定如此吗？事实根本不是这样。有时候，身体不适或者情绪低落可能会使野心勃勃退居次席；有时候，幽默或者暴躁也会暂时占据主导地位；而其他一些情感有时也会突然冒出来控制他，令他偏离一贯的表现。这位野心勃勃的大臣是个多情的人吗？也许他在与妻子或情人温情脉脉的时候，会流露出盲目的轻率和自信，不经意间泄露秘密，这足以摧毁他的全盘计划。那么他是个贪婪的人吗？也许有些重大目标的突然出现，会使他的野心暴露无遗。或者他是个易怒的人吗？本性中爱反驳和爱挑衅（有时可能是有意为之）的特点有时会让他将某些机密不假思索地脱口而出，或者行事冲动、不顾后果，甚至做出影响全局的蠢事。又或者他是一个爱慕虚荣的人，喜爱听别人的奉承？可能别人一句巧妙的奉承就会引诱他，甚至某些紧要关头的稍稍懈怠就会令他错失升迁

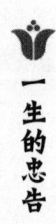

（那正是他想要的）的关键时机。

　　此外，还有这么两种无法调和的情感，它们有时像丈夫和妻子一样相濡以沫，有时也会出现龃龉。我指的是野心和贪婪，通常贪婪会导致野心的膨胀，它也是一种主导情感。法国的红衣主教卡迪纳·马扎林就是这样的人。为了谋求利益，他可以不择手段。他迷恋权力，就像拜金的高利贷者那样狂热地追求权力，而权力又带给他利益。若是有人听信他的花言巧语，贸然行事，必定上当受骗。即便后来明白过来，也只能自认倒霉。相反，法国天主教的枢机主教黎塞留身上的主导情感是野心。他积攒起的巨额财富正是野心膨胀的自然结果。在他身上，野心又诱发了贪婪。顺便说一句，黎塞留身上所表现出来的矛盾是人类天性中两种情感不可调和的有力证明。他仰仗教会的势力完全掌控法国皇帝和整个国家，并且在很大程度上，决定整个欧洲的命运。对此，他并不感到满足，又渴求像高乃依那样获得极高的文学声誉，这种野心甚至超过了对西班牙的掌控欲望。他更愿意被人称作杰出的诗人（其实并不是），而不是欧洲最伟大的政治家（他确实无愧于政治家的称谓）。要是你不知道这一切确有其事，那么你会相信他是这样的人吗？

　　尽管从生理学上讲，人体的构造都是大同小异，可是具体到每个人身上，各部分的比例又有天壤之别，没有两个人完全一模一样，而且这个人也并不总是以同一种形象出现。有时候，最能干的人也会表现得很弱智，最高尚的人也会表现得很卑劣，最诚实的人也会表现得很虚伪。相反，即便是穷凶极恶的人偶尔也会流露出善心。

　　你要仔细研究不同的个体：若是根据他的主导感情，你已经勾勒出这个人的轮廓，那么暂时放在一旁，等到你从他的行为中发现其他不太显眼的特点时，再在自己的印象簿上添上最后几笔，这样，你才真正对这个人有所了解。比如，某个人大体上说是个诚实之人，那么你该如何与之相处呢？不要质疑他的诚实，否则你会被视为忌妒他人或者本性恶劣；可也别过于轻信这种美德，甚至把自己的性命、荣誉和未来都交到他手上。假如这个诚实的人碰巧是你在权力、利益或爱情方面的竞争对手，那么即便是世上最诚实的人，也会在这三种诱惑面前犹豫再三，难以取舍。因此在交往时，你首先得观察这个诚实的人是否经受得起考验，然后才可以判断他是否值得你去信任。

与男人相比，女人之间有着更多的相似性。其实，她们身上只有两种情感——虚荣心和爱情，这是女人的共性。她们为了实现自己的野心，不惜牺牲自我；为了满足自己的欲望，甚至铤而走险，当然这只是极少数的特例。一般说来，她们的言行往往只为了满足自己的虚荣心，成全自己的爱情。她们喜爱谄媚殷勤的男人，并且认为对方也很喜欢自己。对她们来说，恭维和赞美的话百听不厌；要是你吝啬赞美之词，那绝不会得到她们的原谅。

不要轻易接受那些尚未熟识之人的友谊，也许他们只是想利用你来满足自己的私欲。与此同时，也不要粗暴地拒绝他们的友谊。你应该仔细观察，看清楚这些人是心地善良之人，还是阴险歹毒之人，因为流氓和无赖表面上都差不多。对前一种人的友谊，你可以坦然地接受，没什么害处；对后一种人的友谊，你可以假装接受，但不能放松戒备心。

那些具备某种美德的人，总是吹捧自己的美德，似乎只有他才配拥有此种美德，对这种人你也要保持警惕。之所以要你提高警惕，是因为他们通常都是骗子，是否有例外，就不能肯定了。据我所知，有时候，圣徒真的很虔诚，说话耿直的人确实很勇敢，一本正经的人的确很正派。因此，尽你所能深入了解他们的内心，绝不要暗中模仿那些名声显赫之人的性格。尽管这种性格就总体而言是好的，可是难免也会有缺陷。与人打交道的时候，你应该保持必要的戒心，绝不要在人前轻易显露自己的喜怒哀乐。再见！

——第74封信——

在社会这所大学深造

然而，头脑清醒的人会结合实际的社会经验，融入自己的一番思考，很快就认识到原来的想法多么荒谬。

亲爱的朋友：

在你所有的功课中，有一项最必要、也是最实用的学问，那就是对社会的认识。不知你学得怎么样。你觉得自己掌握这门学问了吗？日复一日年复一年的生活经历是否有助于提高你对社会的了解？如果你还没有答案，可以向我咨询这方面的问题，我会告诉你一种行之有效的方法，以此判断你对于这门学问的掌握程度。

你可以根据自己的生活经历，认真反思你对社会的见解是否已经发生了改变，是否跟两年前只停留在理论上的观念有所出入。若果真如此，那就证明你在这方面取得了长足的进步。像你这样的年轻人（我记得我也是），由于缺乏正确的模仿对象，很容易对社会形成错误的认识。年轻人认为，世间万物都是在精神和活力的推动下运转，不需要人为的驱动；因而，讲究为人处世之道是卑劣的行径，而温文尔雅也不过是为了掩盖自身的缺点和不足。基于这种错误的认识，年轻人在社交生活中不修边幅，言行粗鲁无礼。那些傻瓜从来都没有意识到这种想法完全错误，于是一辈子就这么浑浑噩噩地过下去。然而，头脑清醒的人会结合实际的社会经验，融入自己的一番思考，很快就认识到原来的想法多么荒谬。

等他们对自己、对人类真正建立了深入的了解之后，就会发现这种想法只会束缚自己，在社交圈中难以赢得他人的好感；而且与人交谈时，由于缺乏文雅迷人的举止，不懂得适当的奉承，经常使自己处于尴尬境地。

你是否注意到，所有的妇女都喜欢男人向自己大献殷勤，而所有的男人也喜欢别人对自己恭维有加？你有没有察觉到，若是注重这些细微之处，那么对赢得人心有多大的帮助？若是你在社交场合文雅知礼，懂得取悦他人，那么必然会有所长进。不需要多少社会经验，人们就能一眼判断各种令人目眩、高贵可敬的品质。然而，那些隐藏在相似外表下的美德和恶习、理智和冲动、勇敢和懦弱，就需要一定的社会经验和敏锐的洞察力才能判别。

在一般的社交生活中，为了不得罪他人，也是为了赢得他人的好感，聪明的人就会了解一些基本的社交礼仪；若他确实具备内在的优点，那就会被上流社交圈接纳。可是，只懂得基本的社交礼仪还远远不够。尽管他会被人们所接纳，可是绝不会受人注目；尽管他不会得罪别人，可是绝不会获得拥护和爱戴。与周围的优秀人物相比，这种人显得无关紧要，没有立场，既不会对人产生威胁，也不会对人大献殷勤；反过来，还要受到周围人的排挤。这是最可怜的情形！然而，社会经验丰富、深谙他人心思之人，懂得将所有的人进行归类，并且在适当的时候对他们展开攻击、各个击破，以博取普遍的好感。当然这么做也有可能会招来对头，受到他人的攻击，可是毕竟结交的朋友比敌人多，他会获得这个群体中大多数的支持。他的才华令人歆羡，而他的迷人品质更是让人倾倒；他处处为他人考虑，值得人们的尊重。

同一件事情，不同的人做会采用不同的方式，结果也会大相径庭。

有着丰富社会经验的人知道该在什么时候、什么场合下取悦他人，为此他早就做足了功课，认真研究不同人的个性，再辅以得体的言谈举止，很容易就能赢得他人的好感。而智力平平的人只懂得大套的理论，却没有实际经验，与人交往的时候，不合时宜地说错话或做错事，结果四处碰壁，弄得灰头土脸。

各种必要的品质汇聚于一身，这种人走到哪都极易获得人们的尊重和喜爱。哪怕是最微不足道的品质，若是组合起来就是最伟大的品格。没有前者，后者无从谈起；而没有后者，前者显得过于琐细。从书本上获取各种知识固然十分重要，可是对社会的认识，需要我们从每个人身上学得，研究不同的个体，直到读懂他们为止。在各种语言中，有许多单词被认为是同义词，可是进一步研究，就会发现根本不是这么回事。许多笼统地称作同义词的单词，它们之间还存在细微的差异：这个单词可能比那个单词表意更细致，或者适用面更广。人也是如此，表面上所有人看起来都是一个样子，可是仔细观察就会发现，没有两个人是完全一模一样的。有些人不愿意观察思考，始终看不出人与人之间有什么差别，他们不懂得辨别那些看似相同的个性背后明显的差异。

与不同的社交圈往来有助于你掌握这门学问。现在，你应该升入"第三类"学校求学，在那里进一步完善自己。记住，千万不要只局限于一两个社交圈子，沉溺于懒散和安逸之中。

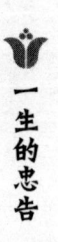

——第75封信——
择善而从

> 记住,要把同伴和朋友区分开来。一个志趣相投的同伴不一定适合做朋友,甚至还可能是你潜在的危险。在很大程度上,人们依据你身边的朋友来判断你,这不是毫无理由的。

亲爱的孩子:

年轻人相处,彼此非常坦率,对人毫无防范之心,极易受到老奸巨猾之人的蒙骗。随便哪个流氓或白痴,只要自称是你的朋友,你就信以为真,而且还为这份友谊轻率地付出很多,最后却给自己带来损失,甚至遭受毁灭性的打击。因此,对即将踏入社会、对友谊充满渴望的你来说,更要时时提高警惕!

接受他人友谊的时候,你应该彬彬有礼,但也不可放松警惕;你可以赞美友谊,但不要轻易相信他人。不要让你的虚荣心和自恋作祟,把第一印象不错的人或是经过短暂接触的人视作你的朋友。真正的友谊需要慢慢地培养,只有经过长时间的相互了解、彼此欣赏,友谊之花才能开放。

记住,要把同伴和朋友区分开来。一个志趣相投的同伴不一定适合做朋友,甚至还可能是你潜在的危险。在很大程度上,人们依据你身边的朋友来判断你,这不是毫无理由的。有一句西班牙谚语说得非常恰当："和什么人交往，你就是什么样的人。"

在年轻人中间，还有一种虚假的友谊。刚开始的时候感情的烈火烧得很旺盛，可没过多久就冷却了。年轻人因为偶然的相遇，一起吃喝玩乐、纵情挥霍，使得这种友谊发展很快。其实，这种醉酒和放纵与其说是真正的友谊，不如说是对道德规范和良好举止的冒犯。他们把钱借给朋友尽情挥霍，甚至为了朋友两肋插刀也在所不辞；他们时常口无遮拦，甚至还交换彼此的秘密。可是一旦决裂，他们就不再顾及对方，反而对过去似乎牢不可破的友谊大加嘲笑。

人们通常认为流氓或白痴的人肯定做过不少坏事，不值得结交，但是你又不能对他们过于冷淡，以免给自己树敌太多。这种人为数不少，所以我宁可采取中立的态度。你可以厌恶他们的恶习或蠢行，但不必敌视他们。若是激起公愤，那么你的后果将不堪设想，其危险程度仅次于前面提到的那种"友谊"。

你对所有人都要设防（不这么做的话对你十分危险），可是又要做到不着痕迹；因为没有人愿意被别人提防。然而，只有少数几个人能真正把握这个尺度，做到游刃有余。很多人要么说些荒唐又难懂的玩笑，让人摸不着头脑；要么口无遮拦，无意中冒犯了别人。

接下来，我要跟你谈谈如何择友。你应该尽可能地结交各方面都优于自己的人，这样才能使你有所提高；而与品行低下的人来往，只会让你跟他们一块坠入底层。所谓"近朱者赤，近墨者黑"就是这个道理。请不要误会，我提到的那些比你优秀的人并不是指他们出身的高贵（那是无须考虑的），而是指他们身上拥有的、为世人赞赏的优秀品质。

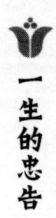

我所说的"上流社交圈"有两类：一类是身居要职、衣食无忧的人；另一类是具备罕见的品质、在人文或自然科学领域有所建树的人。

所谓"品行低下的同伴"，是指那些卑鄙小人。他们总认为自己是社交圈里的骄傲，为了能跟你搭话，总是把你的缺点和蠢事当做优点极力恭维。人们总想成为社交圈中的交际之星，这是相当普遍的心理，也是极为愚蠢、有害的想法。

你或许会问我，一个人能否与上流人士结交？该怎样结交？我要说，是的，每个人都有这个能力。倘若他有机会接触到上流人士，就应该尽量表现出优秀的品质和良好的教养，以博取好感。渊博的学识就是一个人最好的名片，而良好的教养则会使他深受喜爱。正如我以前跟你说的，举止文雅和良好的教养能为一个人其他优秀的品质增光添彩。否则，他的学识和才干就得不到最好的发挥。若是没有良好的教养，那么学者只是个书呆子，哲人只会愤世嫉俗，士兵也只是个莽夫而已。这种人绝不会受到人们欢迎。

我就像古希腊的阿耳戈斯，长了100只眼睛，随时随地都在监视你。我现在急切地盼望听听莱比锡的朋友对你的第一印象，他们会如实地向我汇报你的情况。再见！

——第76封信——

恶友勿交

希望你能凭借敏锐的判断力和理性，抵制那些轻佻的年轻人对你的教唆和引诱。另一方面，当他们试图拉你下水的时候，你要坚决而得体地拒绝他们，尽量不要与他们发生争执。

亲爱的孩子：

在你结束威尼斯的狂欢来到都灵之后，我希望你能把注意力转移到严谨的学习和必要的社交上来。这不仅有助于你学到有用的知识，而且还能让你获取书本上没法学到的新知识。与此同时，我现在还很为你担心。要知道，每当你陷入困境，我就会忍不住焦虑，而你目前在都灵的状况就让我无法感到心安。不过哈特先生会尽其所能帮助你，而你自己敏锐的判断力和解决事物的能力也会帮你渡过难关。想到这些，我才稍感安慰。

我听说有很多英国人的子女在都灵的职业学校求学，为此，我担心他们的行为会影响到你。我不清楚他们到底是些什么人，不过听说这些年轻的英国同胞经常厮混在一起，打架斗殴，行为恶劣。他们可能会诱使你加入他们一伙，如果你断然拒绝，他们就会不断对你施压，甚至还会耍些阴谋诡计。像你这样的年轻人遇到这种情况难免手足失措，一筹莫展。因此，你一定要洁身自

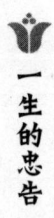

好，坚决抵制这些不良的影响，全身心地投入学习之中。你出国的目的并不是去跟英国同胞聊天，这种事你完全可以在国内做。我敢肯定，从他们身上你学不到任何有用的东西——知识、外语或是优雅的举止。所以我不希望你跟这些人交往，甚至发展成朋友。在我看来，他们就是一个坏事做尽，专门跟社会道德作对的罪恶群体。

你那些英国同胞的恶习低俗不堪。他们因生活放荡而声名狼藉，不仅糟蹋自己的身体，而且还败坏了品性。他们在餐桌上毫无节制地喝酒，喝醉后丑态百出，粗暴地砸窗户，还常把自己弄得骨折（这也是他们活该）。赌博对他们而言，已经不是娱乐，而是一种恶习——赌起来就没完没了。他们在国外劣迹斑斑，回国后，也不知道加以收敛，依然我行我素、缺乏教养。他们经常在公园里、大街上晃荡，却从没在任何上流社交圈里出现过，因为他们既没有优雅的举止，也没有优点可供人欣赏。

年轻人总是羞于拒绝别人的请求，认为拒绝别人是件很丢人的事。他们渴望在社交圈中受人喜爱和追捧。若是在上流社交圈，得到他人的推崇当然对你十分有利；反之，若是受到三教九流之人的追捧，反而会受人牵制，给自己制造麻烦。我希望你没有缺点，十全十美；要是你不幸有缺点，那么希望你时时提醒自己，切勿模仿他人的缺点，使自己染上更多的恶习。在所有的罪恶行为中，染上恶习是最让父母感到耻辱、最不能原谅的。

我不会喋喋不休地向你说教，因为我知道和很多年轻人一样，你对这种说教非常反感。那么，我就以朋友的身份，凭一个有丰富人生阅历的人之口，请你依据自己的理性判断，接受我对你的忠告。以上提到的所有恶习本身并不是有罪的，可是却会让那些感染恶习的人不断堕落，名誉扫地，从而无法在社会上立足。

我现在要说的是，希望你能凭借敏锐的判断力和理性，抵制那些轻佻的年轻人对你的教唆和引诱。另一方面，当他们试图拉你下水的时候，你要坚决而得体地拒绝他们，尽量不要与他们发生争执。你现在还太年轻，没法改变他们；可我相信，只要你应对巧妙，就能令他们信服。

我相信并非所有的英国同胞都如此，拥有良好举止和优秀品质的大有人在。你的朋友史蒂文森先生就属于这种人，我也十分赞成你跟他继续交往。今后，你会遇到一些天赋极高或有身份有地位的人，跟他们建立友谊，对你今后的发展十分有利。不过，我希望你最好带去让哈特先生帮你把把关，判断他们是否值得你交往。

再见，亲爱的孩子！希望你在今后的两年时间中培养良好的品性，为将来打好基础。

第八辑　完善自己的人脉

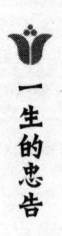

——第77封信——
如何赢取他人好感

尽你所能善待他人,那么对方也会以同样的方式对待你,这是我所知道的博取他人好感最有效的方法。

亲爱的孩子:

赢取他人好感是人生的一门必修课,掌握它并不容易。我没法用成文的条款把它罗列出来,但是你可以凭借自身敏锐的判断力和观察力来掌握。

尽你所能善待他人,那么对方也会以同样的方式对待你,这是我所知道的博取他人好感最有效的方法。仔细观察别人身上什么样的特征令你着迷,同样的,要是你身上也具备这样的特征,别人也会喜欢你。要是你喜欢别人对你彬彬有礼,时时关注你的幽默、品位甚至缺点,那么将心比心,别人也会喜欢你这么做。在社交圈里,你得与其他成员保持步调一致,但不要假装让步;你要依据不同的氛围和场合,时而表现得严肃,时而表现得欢快,甚至当你发现对方很有幽默感的时候,还可以回应一个小玩笑。这种态度既对个体有效,也适用于群体。

不要试图滔滔不绝地给别人讲故事,没有什么比这更无聊、更让人厌烦的了。要是你无意中听到一个小故事,又非常想把它穿插到当前的谈话当中,那么尽可能地用简明扼要的话来表达,而且你还要声明自己其实并不喜欢讲故事，只是因为这个故事比较简短才说给大家听。

和人谈话的时候，切记不要以自我为中心，千万别把自己那点可怜的喜好或是私事作为取悦别人的话题。这些事情也许对你来说非常有趣，但是别人可不一定这么认为，也许觉得相当枯燥、乏味，毫无兴趣。然而，也别过于保护自己的隐私，让人觉得你在防备他。不管你觉得自己有什么优点，千万别在人前故意表露出来，也不要像多数人那样极力把话题引到卖弄自己的优点上。要是你真的具有那些优点，无须你刻意指出，人们也会发现——这对你反而更加有利。即使你认为或肯定自己的观点是正确的，也不要跟人进行激烈的争辩，你只需冷静、谦虚地表达出自己的不同意见就可以了，不一定非得让人家认同你，这么做反而更能令人信服。要是其他人还有争议，那你就试着用幽默的语气换个话题："我们谁也说服不了谁，而且这也没有必要，那就让我们谈点别的吧。"

要是你想赢得某些人对你的友谊和关爱，不管是男是女，你都要尽力去发现他们身上的闪光点（假如他们有的话）和不足之处（每个人都会有）。对其中的某些方面你要保持公正，而对另一些方面仅仅公正还不够。一个人可能在很多方面都非常出众，或者至少希望别人这样评价自己；尽管他也知道自己的长处，可还是希望听到别人的赞扬和肯定；而对自己不能确信、又想拥有的长处，他们就喜欢听到别人的恭维和奉承。例如，黎塞留无疑是那个时代最有才干的政治家，也可能是有史以来最伟大的政治家，可他却幻想成为最优秀的诗人。他十分嫉妒高乃依在文学上的声誉，于是下令让人把自己写成"熙德"式的人物。因此，

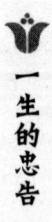

当时的评论家对他进行了一番颇有技巧的吹捧：对其处理政务的能力轻描淡写、一笔带过；对他的才华和诗情则大肆吹捧、极力渲染。为什么呢？因为黎塞留本人也知道自己是相当出色的政治家，可是对自己的诗歌天赋就不那么确信了。

记住，每个社交圈都有自己的行事准则，被这个社交圈推崇的准则并不一定适用于那个社交圈。某些笑话和警句可能在一个社交圈中很受欢迎，而在另一个社交圈中却被视为单调乏味。属于某个社交圈的特征、习惯和行话，会赋予某个词或某个手势以特定的含义；而脱离了这个环境，那么这个词或手势可能就没什么隐含意义了。人们常常会犯这样的错误：喜欢把一些受到某个社交圈欢迎的东西，不厌其烦地搬到另一个圈子当中。其实场合换了，时间变了，原本受欢迎的东西也会变得索然无味，甚至还会无意中得罪别人。此外，他们常喜欢用这样的开场白："告诉你一件非常棒的事吧"，或者"跟你说一件世界上最棒的事"。这么一说当然吊足了听众的胃口，可后来的内容无疑让他们感到非常失望，而讲述者这时候活该看起来像个傻瓜。

通过观察人们聊天时喜爱的话题，你就会发现每个人都有虚荣心，因为人们通常谈论自己最擅长的事物。罗伯特·沃波尔爵士（他当然也是个有才干的人）晚年对于谄媚巴结非常不屑，因为他从来没有怀疑过自己的能力。但是他最大的缺点就在于，他想让人们看到他除了勇敢之外，还很文雅、幸福。正是在这一点上，他做得比任何人都差劲。他非常喜欢而且经常在谈话中提到自己的文雅举止和幸福生活，而那些有洞察力的人很快就证实这是他最大的弱点，并且利用这个弱点谋取自己想要的东西。

同样的，给予别人更多的关注，在某种程度上还会影响人的自尊和自恋——这与人类的本性密不可分。最明显的就是，对别人的评价会影响他们对自己的认识和考虑问题的方式。对别人细节上的关注往往比许多大事更能赢得他们的好感，这会让他们觉得自己是你眼中关心的唯一对象。

大多数时候，女人只对一个问题感兴趣，那就是自己是否漂亮，因此，千万不要吝啬对她们的赞美。否则，在她们的眼里，你就是粗鲁而没教养的，令人无法忍受。大自然不会创造出一无是处的女人。要是她脸蛋不好看，那她必定或多或少去关注自己的体形和头发，并且相信这能弥补容貌的不足；要是她身体有缺陷，那她就觉得自己的容貌能弥补不足；要是她不但人长得丑，而且身体又有缺陷，那么她会自我安慰说自己还有优雅的风度和得体的举止，这远比漂亮的外表迷人。有一条是显而易见的，那就是即使是世上最丑的女人也会通过华丽、讲究的服饰来精心打扮自己。在所有女人当中，公认的美女对于别人的奉承已经习以为常，因此也不会要求别人恭维她的美貌。她需要别人肯定、恭维她的才识，虽然她从未怀疑过自己的才识，可她担心得不到男人的认可。

你别误会，认为我在向你传授卑鄙、可耻的谄媚奉承的技巧。绝非如此！千万不要奉承任何人的缺点或罪恶，相反，应该憎恶并加以抵制。人人都有可笑而天真的虚荣心，同样每个人都有献殷勤的本性，这是人类固有的缺点。男人想让别人觉得自己更聪明，女人想让人觉得自己更漂亮，那么这种缺点对自己来说是愉悦的，对其他人也不会造成伤害。我宁可让他们沉浸在这种快乐中，跟他们做朋友；也不愿极力让他们醒悟过来，成为他们的敌人。

以上我给你提出的忠告,是你进入这个伟大的社会所必须掌握的小诀窍。我花了数倍于他人的精力,用了53年时间才完全掌握它们,真希望自己在你这个年龄就能够有所了解。所以我不会吝啬将这些经验传授给你,希望你能借此获得更大的收获。再见!

——第78封信——

取悦他人

仅有内在的美德还不够,它只能让人对你心生敬意,却无法让他们对你怀有特殊的爱意,也就是所谓的"赢得人心"。

亲爱的孩子:

我不得不随时提醒你,一定要正视并牢记我对你的忠告。不管你说什么、做什么,若是听取我的忠告,将对你极为有利;否则,你将吞下苦果。这些忠告有助于你养成良好的品性,赢得他人的好感。人们对事物的理解往往受到情感的影响,他们会凭着第一印象对人作出判断,所以积极听取我的忠告对你我都十分有利。对妇女而言,没什么比情感更能左右其思想;男人也一样,即使最有才华的人也会受情感控制,从而影响他对人对事的观点。这就是我们为什么要赢得他人好感的原因所在。

你肯定也有过类似的体验:第一次见到某人,他外表看上去不修边幅,举止有些不雅,说话更是笨拙,比如有点口吃,还经常嘟哝,内容千篇一律,或者声音有气无力;尽管你知道这个人有着很多内在的优点,可是难免会产生偏见,对他留下不好的印象。那么再想想看,具备何种品质的人会使你第一眼就先入为主

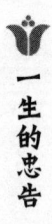

对他产生好感，并且总是希望从他身上找到更多的优点，若是没找到的话，又多少会有些失望？成千上万的此类细节无法一一枚举，若是把它们组合在一起，就会形成一种优雅的气质，最能赢得别人的好感。受人喜爱的人往往举止文雅，穿着得体，嗓音动人，和颜悦色，从不大笑，说话有分寸。这些品质与其他品质一起，构成愉悦人心的必要因素。尽管人人都能感受到这些品质带来的愉悦感，可是没人能够准确地描绘出来。用心观察别人身上什么样的特征让你讨厌或者喜欢，然后想想"己所不欲，勿施于人"的道理。

仅有内在的美德还不够，它只能让人对你心生敬意，却无法让他们对你怀有特殊的爱意，也就是所谓的"赢得人心"。除了美德之外，还应该拥有其他独特的品质，例如，积极主动地帮助他人，时时流露出对他人的尊敬，待人彬彬有礼，感情真挚……所有这一切将有助于你打开通往人心之路，使你更易赢得人心或者巩固已经取得的好感。

我要特别提醒你的是，应该尽量避免在人前放声大笑。我真诚地希望你脸上经常堆满微笑，可是绝不要让人听见你放声大笑。经常性的大笑是一种傻乎乎的行为，只有下等人才会对愚不可及的事情感到好笑，并称之为"尽情享乐"。在我看来，没什么比这种大笑更粗俗、更缺乏教养了。真正聪明的或是头脑清醒的人绝不会大笑，他们从不喜形于色，总是把快乐放在心里，脸上只露出淡淡的愉悦的表情。对于那些容易引人发笑的滑稽或愚蠢的行为，他们也只是报以淡淡的一笑。比如说，某人以为身后有把椅子，想要坐下去，结果却一屁股坐在地上，这种事情常常会引来全场爆笑，可是聪明人不在此列。

我认为，放声大笑低俗而不得体的主要原因是：大笑时发出的高分贝刺耳声音让人生厌，而扭曲的脸部表情也相当难看。只要稍加克制，就能够避免笑出声来。可是因为大笑总是跟快乐相联系，所以它的不雅并没有引起人们足够的重视。不要以为我是个天性忧郁或是愤世嫉俗的人，其实我跟所有人一样，也想博得他人的好感，可是由于我向来都很理智，所以我敢确信从来未曾在人前放声大笑。许多人刚开始是为了掩饰说话笨拙或者害羞才时不时地大笑，后来就慢慢养成了这个恶习。我就认识这么一个很有才华的人——沃勒先生，他即便是说最平常的话都会忍不住大笑，这让许多不认识他的人刚开始都把他当做傻瓜。

放声大笑或者其他坏习惯，常常是源自人们刚踏足社会时的腼腆、害羞。在社交场合，他们感到害羞惊慌，不知所措，就尝试用各种方法来掩饰自己的狼狈，后来慢慢演变成一种习惯。有的人忍不住抠鼻子，有的人时常挠头，还有的人喜欢不停摆弄帽子，总之，每个缺乏教养、举止笨拙的人都有自己的坏习惯。这些粗俗的习惯和笨拙的行为频频发生并不能证明它们就是正当的。尽管这些行为尚不足以构成犯罪，可是你也要小心提防，因为它们会成为阻碍你取悦他人的绊脚石。

记住，取悦他人非常重要。你若想有一片光明的前程，那么就应该特别学会这种技巧。我得承认，在你离开英国之前你还没有完全掌握它，而且它在英国也不是相当普及，可是我希望你到了国外后能在实践中掌握它。要是你希望自己在这世上出人头地，你就必须亲身实践，因为到时我可能已经不在人世，没法再给你提供任何帮助。你的身份和财富不会带给你很大帮助，唯有

一生的忠告

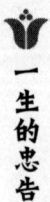

美德和得体的举止才能为你赢得更大的声誉和更多的财富。通过给你必要的教育，我已经为你打下基础，其他部分必须由你亲自去获取提高。

——第79封信——
如何赢得女性好感

对于那些公认的美女或丑女，你最好赞扬她们的才识；对那些长相平平的人，你最好恭维她们的美貌，或者至少赞美她们气质优雅。

亲爱的孩子：

在社交圈里，女人的队伍即使算不上十分庞大，至少也是人数众多的一个群体。她们帮助男人在上流社会（这对想要拥有名望和财富的男人来说至关重要）形成自己独特的个性，所以恭维妇女相当必要。对此，我希望你能了解一些有用的小诀窍，并且在运用的时候能不露痕迹。

女人只不过是生理上成熟的孩子。她们与人心情舒畅地聊天，时不时显露出聪慧。可是，我还从没见过一个完全理智、有判断力的女人，或者一天24小时都能凭着理性去做事。女人是"感性的动物"，哪怕是微弱的情感或小小的幽默，也能动摇她们原本已经坚定的决心。随着年龄的增长，她们的理解力逐渐退化，她们的容颜日渐苍老，被人评头论足，这些很容易激起她们反常的情感，违背做事的常规。在男人看来，这实在难以理解。其实，当她们头脑最清醒、最理智的时候，本来有可能获得更大的成功。

一生的忠告

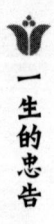

　　对女人而言，恭维话永远都不嫌多。在那些恭维、奉承的话面前，她们总是心满意足，面对那些谥美之辞，她们即使知道那是言不由衷的也会感激地照单全收。因此，你可以放心大胆地恭维女人，从她们出众的才识到品位独特的扇子。对于那些公认的美女或丑女，你最好赞扬她们的才识；对那些长相平平的人，你最好恭维她们的美貌，或者至少赞美她们气质优雅。因为任何一个女人，只要长得不算太丑，都认为自己很漂亮；平常她们不太听到人们的赞美，于是难得听到有人这么称赞自己，自然就会感激涕零。而那些意志坚定、头脑清醒的美女，认为别人赞扬自己容貌美丽是理所当然的事，她所希望的是自己的才识能引起人们的注意。丑女明白容貌不是自己的长处，那么她们一定对自己的才学充满自信。既然相貌不值得人夸赞，那么只有依靠才学引人注意了。可是，你要小心谨慎地保守这些秘密，否则将会落得俄尔甫斯那样的下场，被妇女撕成碎片。

　　相反，男人认为活在世上应该勇敢而文雅，但积极主动地向女人献殷勤，这也是男人的必修课。在宫廷里，女人会利用男人的弱点，对其施加影响。在上流社会中，她们根据自己的喜好给男人贴上各种标签，万一不幸得罪了她们，就会遭到鄙视和践踏。因此，你绝对有必要讨好、恭维她们，千万不要流露出一丁点轻蔑之情，这是她们一辈子都无法原谅的。在这点上，女人与男人有共通之处。男人可以轻易地原谅别人对自己的不公，可是别人对自己的侮辱明显不在此例。

　　明智的男人只会跟她们开开玩笑，陪她们消遣消遣，对她们说些幽默、恭维的话，就像他们对待快活、早熟的小孩子一样得心应手。可是，他们不会与女人商量重大问题，而且压根儿不信任她们,不过他们总让女人感觉到自己很受重视,值得男人信赖——这是她们在这个世上最引以为豪的事。她们对那些认真跟自己交谈,似乎也愿意与自己商量问题并且信任自己的男人,几乎崇拜得五体投地。请注意,我用了"似乎"这个词,通常只有愚蠢的男人才会真的这么做,而聪明的男人只是做做样子而已。

也许不是所有男人都是积极进取、文雅知礼或者饱含激情的,可是每个男人都有自尊,如果他们感受到别人对自己微有轻视,就会怀恨在心,一辈子都不会原谅对方。因此,请记住,不管你身在何方,不论你认为对方多么可耻、不屑,都不要轻易流露出你对他人的蔑视,否则只会处处树敌。男人宁可自己的罪行彰显天下,也不愿自己的弱点和不足时时被人关注。假如你言词中暗示某个男人很愚蠢、无知、缺乏教养或举止笨拙,那么他会记恨你很长时间,这个时候你说他是个大无赖他也许都不会燃起这么大的怒火。大多数年轻人喜欢揭露别人的短,以此为乐或者表明自己胜于他人,你可千万不能这么干。若是你真这么做,也许可以获得一时的满足,却为自己树立了一个永远的敌人;即便那些跟你一起嘲笑过别人的人,事后想想感到害怕,也会恨你把他拖下水的。此外,这么做也很不厚道,心地善良的人更愿意发现别人身上的优点,而不是揭露缺点。要是你还算聪明,那么尽量地取悦他人,让对方满意舒服,而不要去伤害对方。你可以像温带上空的太阳,照耀大地又不至于灼伤万物。我希望你把一切控制在自己有把握的某个范围内,千万不要越界。

这些是我多年来的经验之谈,我把它传授给你,若是你认真采纳的话,对你的未来将会十分有益。希望你前途一片光明,否则我会认为是你没有按照我的建议行事所致。

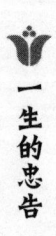

第80封信
谨慎选择"社交圈"

> "上流社交圈"中的主要成员都是（也不是说没有特例）有身份、有地位、有名望的人；出身低贱或没有地位的人很难被接纳，除非他们有某些突出的美德或者在人文社科或自然科学领域做出过杰出贡献。

亲爱的孩子：

对于你这样刚刚进入社会的年轻人来说，与上流人士的交往会帮助你给别人留下良好的印象。假如你问我什么是"上流社交圈"，老实说，我也很难给出一个明确的界定，可是我会尽量详细地解释给你听。

所谓的"上流"并不是每个社交圈自封的，而是这个圈子中的所有成员都认可这一称呼，尽管可能对其中个别成员的加入彼此还有些不同意见。"上流社交圈"中的主要成员都是（也不是说没有特例）有身份、有地位、有名望的人；出身低贱或没有地位的人很难被接纳，除非他们有某些突出的美德或者在人文社科或自然科学领域做出过杰出贡献。虽然如此，"上流社交圈"的成员构成还是有些鱼龙混杂：许多出身卑贱或品行不良的人会偷偷地加入进来，某些有后台的人也神不知鬼不觉地混迹其间，还有品性一般的人也跟着掺和进来。可是，就总体而言，"上流社交圈"中优秀的成员占绝大多数，那些声名狼藉、罪孽深重的人永远被排斥在外。在"上流社交圈"中，有你可以学习的最优雅的举止和最得体的语言，因为它们能帮助你在这个圈子里确立起地位，并与其他成员保持步调一致。

即使某个社交圈中所有成员都学识渊博，也不能用"上流社交圈"来形容。因为这些人或许没有从容坦然的举止，也不懂得为人处世之道，就像跟社会脱节似的。若是你在这种社交圈中表现良好，就能受到其他人的尊重。可是，你也不能只局限于这个圈子，否则人们就认定你是文人，而文人通常在这个社会上没什么出息。

品性也不是上流社交圈的唯一定义。即便某个社交圈的所有成员都具备第一流的品性，也不能称其为"上流社交圈"。因为就算品性再高，他也可能十分愚笨、缺乏教养，跟最普通的人一样毫无价值可言。另一方面，若是某个社交圈中的成员一律都是素质极差的人，那么不管他们有什么样的美德或才能，都不可能称作"上流社交圈"。我并没有轻视他们的意思，可是我也不赞成你跟这种人往来。

那些声称其成员不是哲学家就是诗人的社交圈，对年轻人较有吸引力。富有才智的人乐意加入这样的社交圈，寻找志同道合之人；而缺乏才智的人则愚蠢地认为，加入这样的社交圈可以提升自己的档次。所以，你与这种社交圈往来的时候要保持清醒，判断哪些才是真正优秀的人，不要一股脑儿照单全收。其实"才智"并不总是受到欢迎，它常常与"恐惧"联系在一起。人们通常害怕与太过聪明的人相处，就像害怕持有手枪的妇女那样，认为手枪随时都有可能走火，要了自己的命。你尽可以与这种社

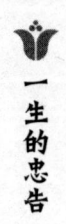

圈保持来往，但是不要把自己局限在这一个小圈子里，不要排斥其他社交圈。

然而，在各类社交圈中你要避免接触下等的社交圈，其成员各方面素质都很差：他们没有地位、不学无术、举止卑劣、道德败坏。你可能会觉得奇怪，为什么我一再提醒你尽量避免接触这类圈子。其实我认为这完全有必要。我见过许多体面的、理智的人很鄙视这类社交圈，不愿与之往来。虚荣心促使人类干下许多蠢事，甚至还是罪恶的根源，使许多人产生"宁为鸡头，不为凤尾"的想法。这些人很享受发号施令、"众星捧月"的感觉，可是，混迹于下等的社交圈，最终只会令自己声名狼藉。

由此看来，与什么样的社交圈往来，在哪种圈子里活动，会影响你将来能否在社会上出人头地；而别人也会根据你交往的社交圈来判断你的素质和为人。虽然这不尽合理，可也是事实。西班牙诗人塞万提斯说得好："告诉我你跟什么样的人交往，我就能说出你是什么样的人。"因此，不管你身在何方，请与各方面都优于自己的上流人士来往。以上是我能给你的关于"上流社交圈"的最好解释。

——第81封信——
人际交往准则

不论你想表达什么,要是你说话的时候神情傲慢自大,或者局促不安,或者嗤嗤傻笑,那么效果肯定相当糟糕。再者,要是你说话嘟嘟哝哝、口吃不清,人们必定难以接受。

亲爱的孩子:

在上一封信中,我刚跟你讲过应该与什么样的社交圈交往。现在,我想跟你谈谈与人相处的哲学,这都是我的切身体验。我暂且放下手头的事情,跟你谈谈这个话题,相信能给你的社交生活一些积极的指导。其实,我以前就常给你这方面的暗示,不过都只是一笔带过;现在,我会更加系统地给你讲述……

1. 经常与人交谈,但是注意把握交谈的时间。

多说话,但是每次时间不宜太长;尽管你可能还意犹未尽,可至少保证让听的人不会感到厌烦。

2. 尽量少讲故事甚至不讲,除非它们确实简短、贴切。

讲故事的时候可以省略一些无关紧要的细节,当心不要离题;尽量做到平铺直叙,不要添枝加叶。尤其不要强人所难,逼他把故事听完;要是人们不愿继续听下去,那么你最好马上闭嘴。

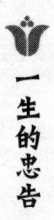

大多数饶舌的人总是选择那些沉默寡言或近在咫尺的人作为倾诉对象,他们压低嗓门、窃窃私语,跟人聊起来没完没了。这完全是一种缺乏教养的行为,甚至还算得上是一种欺骗行为。换个角度看,要是这些"残忍的家伙"瞄上了你,那么你就热心地配合他,耐着性子听他把话说完(至少表面上流露出专注的神情)。没有什么比耐心听人说话更体贴,也没什么比听到一半中途离开或流露出不耐烦的情绪更伤人的了。

3. 循着别人的话题交谈,不要轻易改换话题。

假如你确实有才能,那么可以在每个话题上或多或少地表现出来;否则,最好顺着别人的话题,不失时机地插上几句,不要试图挑起另外的话题。

4. 避免与人发生激烈争论。

若是你身处复杂的群体,尽量避免与人发生争论。虽然这种争论只是一时兴起,不至于影响双方的感情;可实际上,双方产生的厌恶情绪会像阴霾般挥之不去。假如这场争论不幸演变为激烈的争吵,那么你最好说些无伤大雅的笑话来及时结束无谓争吵。我曾经用这种方法平息过一场争吵。我笑着对他们说,尽管我相信在场的所有人绝不会把这次争吵的内容泄漏出去,不过没法保证经过的路人会不会走漏风声,他们经过的时候可是什么都听见了。

5. 不要把话题引向自己。

不论何时何地,你都要尽量避免在人前谈及自己。人人都有自我表现的欲望,这种骄傲和虚荣是人类的本性。无论是在最有才能的人身上,还是在各种各样的利己主义者身上,都有可能随时发作。

要避免染上这种恶习，唯一的方法就是绝不要在他人面前谈及自己。

有时候，你不得不提到自己，那么留心不要说错一个字，否则可能直接或间接地让人误以为你是在自我炫耀，博取他的赞赏。展现你真实的个性，别人自然会看在眼里；如果你吹得天花乱坠，别人反而会表示怀疑。千万不要想着可以凭三寸不烂之舌掩盖自己的缺点，或者令你更加完美！相反，这么做十有八九只会更加彰显你的缺点，反而使优点变得模糊不清。假如你对自己的事情三缄其口，不嫉妒别人，也不奚落别人，那么你也许得不到应有的赞赏；可要是你一刻不停地吹嘘自己，以各种形式夸耀自己，不管你掩饰多么巧妙，别人都会厌恶你，甚至可能联合起来攻击你，最后你将自作自受，吞下自酿的苦酒。

6. 外表坦率、内心谨慎。

不要故弄玄虚。这种个性不仅冷漠、不友好，而且很容易惹人猜疑。要是别人觉得你很神秘，他们也会对你有所保留，这样你就无法了解他们了。最明智的方法就是在坦率、真诚的外表下保持一颗谨慎的心。为了保护自己，你可以在看似坦率的外表下，令对方放下戒备之心。在你所处的群体中，十有八九你要依靠这种方式去迷惑别人。内心的谨慎和外表的坦率同样必要。与人交谈时，眼睛必须直视对方，否则他会觉得受到了冒犯，而且你也失去了察言观色的机会。为了了解人们的真情实感，我更相信亲眼所见，而不相信亲耳所闻。因为人们可以说任何我爱听的话，可是他们脸上的表情却无法掩藏内心的真实想法——这恰恰是我想要得到的。

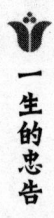

7. 莫要散布谣言，也别听信谣言。

不要轻信别人的诽谤，更不要轻易地散播谣言。对他人的诽谤只能满足一时的虚荣心，冷静下来细想之后就会发现对我们有百害而无一利。其实诽谤同抢劫差不多，听信诽谤的人就像抢劫犯一样可耻。

8. 绝不要模仿他人。

庸俗之人热衷于模仿，而高雅之人对模仿不屑一顾。在所有的插科打诨中，模仿他人是最低俗、最可鄙的行为。请你不要轻易尝试模仿别人，也不要对他人的模仿报以赞赏。此外，对被模仿的人来说，这是一种侮辱。正如我以前经常向你提到的，侮辱是永远不会得到原谅的。

9. 说话方式因人而异。

谈话因人而异，相信不用我多说你也知道。你总不至于以同样的方式跟国务大臣、主教大人、哲学家、上尉或女士们谈论同一个话题吧！我们应当像变色龙那样能够随时变换颜色，以适应各种场合。这绝不是什么罪恶或可耻的行为，而是一种必要的礼貌，因为这是方法问题，绝非道德问题。

10. 莫要轻信别人的誓言。

关于誓言，我只说一句：任何人的誓言都不足为信。我希望并且相信，在谈话中誓言并非必不可少。有时候，你会听到人们在谈话中夹杂着一些誓言，用以修饰自己的话语。可是，你若是仔细观察，就会发现那些发誓的人并没有为他们的群体带来任何荣誉。这些人往往只是下等官员或者受教育程度不高的人。这种行为不仅愚蠢、缺乏教养，而且丑恶之极，根本不值得推崇。

11. 莫要放声大笑。

放声大笑是乌合之众放纵情感的方式，一件蠢事就可以让他们大笑不止。自创世纪以来，真正有大智慧或有判断力的人从不会放声大笑。因此，人们只看到有才能的人淡淡的笑脸，绝对听不到他们笑出声来。

在结束这封信之前，我还要提醒你，不管你多么小心谨慎地遵从以上提到的处世原则，若是没有美惠三女神的眷顾，它们也会失色不少。不论你想表达什么，要是你说话的时候神情傲慢自大，或者局促不安，或者嗤嗤傻笑，那么效果肯定相当糟糕。再者，要是你说话嘟嘟哝哝、口吃不清，人们必定难以接受。要是你的风度和谈吐庸俗不堪、笨拙粗鲁，可是有着许多内在的优点，那么人们对你多少还会报以尊重。在古代，维纳斯和美惠三女神总是时刻相伴左右。贺拉斯告诉我们，即使年轻人和墨丘利（掌管艺术和演说之神），若没有女神相伴，也绝难做成大事。

她们并不是无情的女神，只要你恰如其分、坚持不懈地追求，她们就会让你心想事成。

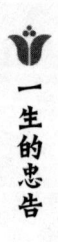

——第82封信——
如何成为"上流社交圈"中人

　　就这样，在刚开始那段时间，我像个罪犯似的出入社交圈，浑身不自在。幸而我意识到，在上流社交圈必须举止文雅，这点自信我还是能够做到；否则，我早就被上流社交圈拒之门外了。

亲爱的朋友：

　　哈特先生在来信中跟我提到两件事，让我感到非常满意：第一，在罗马的英国人为数很少；第二，你经常出入国外的上流社交圈。这是个很好的现象，头脑清醒的人绝不会与三教九流之人为伍，因为他不喜欢这种人，也无意于取悦他们。

　　当你看到那些比自己年长、谙熟于为人处世之道的人能够轻松自然地融入上流社交圈，并且很快被他们接纳的时候，千万不要垂头丧气，觉得自己无足轻重，只能成为人们嘲讽的对象。只要你稍稍用点心思观察和学习，机会马上就会降临到你的头上。假如你确实表现出取悦他人的倾向或愿望，可是行动上表现得很笨拙，甚至像在做坏事——开始的时候这些不可避免，而实际行动最能说明你的意志——即便如此，人们也会乐意指导你该如何说话、如何表现。放心吧，他们不会嘲笑你的笨拙。敏锐的判断力能够让你迅速地勾勒出有教养之人的大致轮廓，而仔细的观察和得体的举止则带给你精致的线条和绚丽的色彩。你内心自然而然地尊敬有身份、有地位、有声望的人,于是行动上就会不知不觉地表现了出来。然而,只有通过仔细地观察,选择最佳时机,才能不露痕迹地表达对人的敬意。

我依然清晰地保留着自己刚踏入社会,第一次被介绍给各式各样时尚人士时的记忆,那时紧张得脑海里一片空白。我原想让自己看起来彬彬有礼、举止得体,于是我逢人就谦卑地弯腰鞠躬。一旦我说到或想要提到自己,看见人们在窃窃私语,就断定他们是在议论我,觉得自己是在场所有人奚落或责难的对象。可是只有上帝知道,像我这种初入社会、对他们毫无用处之人,他们根本没时间,也没兴趣搭理我。就这样,在刚开始那段时间,我像个罪犯似的出入社交圈,浑身不自在。幸而我意识到,在上流社交圈必须举止文雅,这点自信我还是能够做到;否则,我早就被上流社交圈拒之门外了。

渐渐的,我开始习惯起来。弯腰鞠躬不再像刚开始那么笨拙可笑,回答问题也不再迟疑犹豫或口吃。偶尔有几个仁慈的人发现了我的困窘,于是朝我走来,主动跟我交谈。这时,我简直把他们当成上帝派来安慰我的天使,赐予我无比的勇气。稍作调整之后,我终于鼓足勇气,迎着面前美丽的贵妇人,脱口说出今天天气真不错之类的话。然后,她也非常客气地予以回答。可是,我太过紧张,对话进行到一半就停止了。这位善良的贵妇人意识到了我此时的尴尬,于是首先打破僵局开口说话,才使谈话得以继续。她安慰我说:

"用不着紧张,小伙子,我看得出你肯定费了好大劲才鼓起勇气跟我说话。可是不要气馁,就此放弃与这儿的人继续交

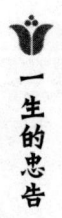

往。我们都看到你想博得大家的好感,这才是关键。你所欠缺的只是得体的举止,并且意识到自己这方面的不足。其实,你现在正处于过渡期,只要勤加练习,就能成为出色的人物。如果你愿意跟在我身边练习,我会把你视作门徒,把你介绍给我的朋友们。"

你可以想像,我听了这番话有多么高兴。可你知道吗?我当时的回答又是多么笨拙。我干咳了一两声(有如芒刺在喉)才鼓足勇气告诉她,我非常感激她的好意,这是真的;对自己的笨拙举止也有自知之明;若能成为她的门徒,接受她的教导,我感到非常荣幸。

我终于断断续续地把意思表达清楚,于是她又召来三四个人,用法语跟他们说(当时我在法国):

"各位,请允许我向你们介绍一位年轻人。就在刚才,我揽下了负责教育这位年轻人的重任。想必他非常喜欢我,否则,他不会壮着胆子跟我聊起天气真好之类的话题,而且说话的声音还在打颤呢。我想拜托各位,请你们帮助我一起磨炼他吧。新来的年轻人在社交圈里需要有个学习的好榜样。现在他愿意跟着我学习,假如以后他认为我不再适合做他的榜样,那么他也可以改投他人门下。可是,年轻人啊,千万不要跟舞女或女演员来往,那只会玷污你的名誉。她们不需要你投入感情,也没有讲礼仪的必要,可是却会败坏你的声誉。我再说一次,我的朋友,要是你跟下等人来往,只会不断堕落。这帮人只会浪费你的财富,损害你的健康,破坏你的德行,从他们身上你永远也别想熏陶到上流社会的风尚。"

在场的人听了这番话,全都笑了起来。我当场就吓得面红耳赤,站在那里呆若木鸡,因为我无法判断她是认真的还是在开玩笑。我时而兴奋不已,时而羞愧难当,时而深受鼓舞,时而万分沮丧。后来我发现,那位贵妇人以及她的那些朋友始终都在支持我,在别人面前极力推荐我。在他们的鼓励下,我渐渐找回了自信,并且学会了优雅的举止。后来,每当我发现一个优秀的人物,就以他为模仿的对象,尽可能轻松自然地模仿他的言行。最后,我还能融入自己的方法,使它真正为我所用。

还有一类经验丰富的女士,她们总是出入上流社会,见多识广,有着二三十年的社交经验。她们给予年轻人的指导远比一切社交规则更有实用价值。这些已经过了辉煌期的女士十分乐意接受年轻人的追捧和恭维,同时她们也会给年轻人指出哪些举止和关心令她们受用。不管你走到哪里,请与这些女士结交,征求她们的建议,告诉她们你在行为举止上的疑虑或困难。对于她们传授的经验,你要字不漏地虚心接受……

假如你下定决心要讨好某个人,那么一切皆有可能。目前,我对你高贵的品性深信不疑,而且你有令人羡慕的渊博学识,愉悦人心的文雅举止。我希望你在五六个熟识的绅士和女士面前这么说,说你意识到由于自己的年轻无知,在养成良好教养的时候必定犯过不少错误;你恳请他们不管在什么地方看到你犯错,都要毫无保留地原谅自己;你会把他们的忠告当做他们加固你们之间友谊的基石。如此诚恳的坦白肯定会打动他们,而他们也会友好地转告其他人,指出你社交中的任何一个闪失或错误。

不同的国家其良好教养的模式也不尽相同,请仔细观察并且

——遵从。同意大利人交往的时候要注意礼节，尤其与德国人交往时更要讲究礼仪，与法国人交往的时候要从容不迫，千万不要表现出尴尬或闲散的神情。

——第83封信——
如鱼得水的秘诀

亲爱的孩子,你要记住:要用你自己对个体的认识来评判他们,决不能简单地依据人们的性别、职业或者头衔来加以评判。

亲爱的孩子:

许多的幽默和笑话只适用于某一个团体。这些东西,都是在某一个特定的环境特定的场合产生于特定的人群中,如果想把它移植到别的地方上,通常会变得毫无意义。

每一个团体都有它特殊的背景,而且会产生特定的语言,甚至特定的幽默。如果把这些东西拿到别的地方(也就是其他的团体),就会显得枯燥乏味。

不合时宜地说一些不恰当的笑话是非常令人尴尬的。因为这样做只会让人莫名其妙,严重时,还会有人站出来质问你,此事到底有什么可笑的?那种尴尬的感觉,就不用在此多说了。

除了玩笑之外,还要注意在一个地方所听到的事情,决不能到其他地方随便转述。因为事情一旦传播,最后很可能就会变质,而给自己带来一些不必要的麻烦。

一个人如果不遵守这种规约,不但会到处碰壁,而且会成为

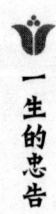

不受欢迎的人。

"好好先生"难成大器。

任何团体，都会有一些好好先生。表面上看起来，他们似乎八面玲珑，相当受欢迎，但实际上这种人既没有什么优点，也没有什么魅力，甚至可以说是一个完全丧失自我的人。

一般来说，好好先生对于同伴做出的决定，任何时候都会举双手赞成，而且还会夸奖。另外，只要大部分伙伴同意的事，即使再愚蠢的事，他们也都会去迎合。为什么他们会做这种毫无意义的事情呢？真正的原因是他们根本没有别的任何可取之处。

我希望你努力以一种更有说服力的理由成为团体中的一员。要达到这种目标，你必须有自己主见和想法，而且不能随便改变。同时，在表现时要有礼貌、懂幽默，可能的话，还要有品位。以你目前这种年龄来说，想要站在高位说话或说一些指责他人的话，似乎还为时过早。

假如所谓的好好先生只是待人和蔼可亲，那他是不会遭人指责的，反而是交际上不可缺少的人物。

大体上说，好好先生对于他人的小毛病要假装视而不见，对于他人装模作样的言行也要以宽恕的眼光来看待。而且在一定范围内，要积极地说一些客套话。这么做，就比较容易拉近彼此的距离。但是，千万不要被他人的奉承话冲昏了头脑，否则便会失去上进心了。

说客套话是一种能力的体现。

每一个团体都有决定该团体的措辞、服装、趣味与教养选择和走向的人。以女性来说，往往是兼具美貌和智慧的人物，男性也是一样，但是，能够成为众人聚焦的中心的，往往不是这一类人。

在一个团体中，智慧、礼节、趣味、服装等固然都很重要，但是，绝佳的谈话技巧，才是得到大家欢迎的关键。

决不要攻击团体中的所有人。

不久的将来，无论是在口头上，还是你心里，在我看来，你对女人的赞同肯定会比现在要多。你似乎认为自夏娃以来，女人们就干了大量的恶作剧。关于那位女士，我不会再对你提起她。但是自她以后，历史会让你了解，世上的男人干的坏事比女人有过之而无不及。

女人同男人一样，有好有坏，而且有可能同男人中的好人一样多甚至更多。这条规则适用于律师、士兵、牧师等。他们都是男人，有着同样的情感和理智，但由于所受教育的不同，在礼仪上就会有区别。抨击他们中的任何一个团体都是极其轻率和不公正的。有时，个人可能会原谅攻击者，但集体和社会决不会轻易地善罢甘休。

许多年轻人认为指责牧师是很文雅机智的行为，可是他们大错特错了。以我的观点来看，牧师跟所有男人一样，不会因为穿了件黑色的外套而变得更好或更坏。

实际上除非绝对必要，我不会建议你相信太多的东西。但是，这次我要建议你，决不能试图攻击具有共同特点的一个团体，因为除了普遍的特点外，他们还有彼此不同的地方，你千万不可攻击一个团体，而使自己成为众矢之的。

所有对于国家和社会的普遍反思都是一些平庸、陈腐的笑话，都是那些缺乏才智却又想显露智慧的人不得已而求助的套话。

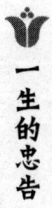

亲爱的孩子，你要记住：要用你自己对个体的认识来评判他们，决不能简单地依据人们的性别、职业或者头衔来加以评判。

――第84封信――
与上流人士交往

你必须能够判断什么是不可能实现的事情,什么是实现起来有困难的事情。每个男人都有这样或那样解决问题的办法,同样每个女人也总能尝试用不同的方法解决问题。

亲爱的朋友:

我终于收到你的肖像画,我已盼望了许久。就像大多数人那样,我急于想要看到你的面容。假如那位画师把你画得像哈特先生那么出色(他的画像是我有生以来见过的最喜欢的),那么我会从你神采奕奕的面容中看出你近来过得不错。就总体而言,你比我上次见到的时候长高了不少。当然,个子还不够高,希望你快快地长高。我深信,你在巴黎的体育锻炼将有助于你迅速长成个大个子。人们都说,你的腿脚还很有希望再长一点。除了跳舞之外,大学里的体育课是最健康,也是最佳的方式。

我已经在德·拉·古瑞尼亚先生家为你安排好了房间,其他一切都会在你到达之前准备停当。我相信你已经意识到,在学校住上半年时间肯定比住在旅馆更为有利。你也知道住酒馆的话,一旦天气变坏,你就不会去学校了,更不用说来回路上浪费了多少时间。此外,要是你吃住都在学校,就有机会接触到巴黎上流

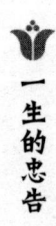

社会中近半数的时尚青年，而且用不了多久你就会为他们所接受，成为法国上流社交圈中的一员。据我所知，还没有哪个英国人在巴黎过这样的生活。你为此付出的代价不会很大，没必要斤斤计较，而我也不会介意这笔开销，毕竟对你来说意义重大。

更何况，用不了多久，你就能说一口流利的法语，可以轻松自如地与当地人交流，并且很快就能学会法国人的仪表和风度。如此一来，你就能在巴黎过上舒适自在而又充实有趣的生活，这在你的英国同胞身上很少见到。他们身上缺少一种优雅从容的法国气度；无法流利地用法语跟当地人交谈，说话时也不注意技巧，显得笨嘴笨舌；无法得体地表现自己，所以常给人留下不好的印象，更不用说被法国上流社交圈接纳了。最好的例证就是，英国绅士从来不懂得向法国贵妇献殷勤，尽管这些贵妇曾频频向英国绅士递过媚眼。然而，这些英国绅士却宁愿跟可耻的妓女、舞女和女演员之流鬼混在一起。男人向妇女献殷勤，在英国其实相当普遍；可是在巴黎，这是任何一个贵妇人生活中的必需品，就像房子、马厩和马车一样。然而，笨拙可笑或是品味单一的年轻人，却宁愿与下等女人混在一起，也不愿跟有身份、有地位的贵妇人结交。

千万不要胆怯懦弱，永远保持自信，否则只会让你堕入下流社交圈。你若是认定自己无法取悦别人，可能就真的不会受人欢迎；若是对自己有信心，或许还有可能赢得别人的好感。你遇到过多少乐观向上、有进取心又不屈不挠的人？他们既不会否定男人也不会否定女人；不会被困难吓倒，就算受过不下三次的挫折，也不会气馁，而是重整旗鼓，再次奔赴战场——最后十有八九都会胜利。同样的方法可以使你更快、更有效地获得知识，为自己树立名声。你有资本乐观，也不怕跌倒了重来。没有什么比乐观的心态更易成就大事，尽管有时也需要韬光养晦、果断力和坚持不懈。一种方法失败了，就尝试另外一种，总能找到合适的办法解决问题。你必须能够判断什么是不可能实现的事情，什么是实现起来有困难的事情。每个男人都有这样或那样解决问题的办法，同样每个女人也总能尝试用不同的方法解决问题。

还有最重要的一点我不能遗漏，事实上，它对做任何事都非常重要，那就是"专心致志"。不要总沉湎于光荣或失败的过去，也不要好高骛远地想着未来，而要将注意力投入到当前的目标上。注意力不集中的人也会观察，可是观察到的东西往往比较凌乱、不成体系。他从来不会坚定不移地追求某个事物，因为注意力涣散令他丧失了自己的方法。若是你发现自己也有这种倾向，那么请仔细观察自己，或许能够及时制止它。你要是纵容它变成你的习惯，就会发现很难再纠正过来，这种糟糕的病症我至今也无法解释得清楚。

前几天，一个刚去过罗马的人告诉我，你在罗马受到上流社交圈的盛情款待，没有人比你做得更好了。对此我非常满意而自豪，我敢说，同样的事也会在巴黎发生。因为巴黎人对于尊敬自己、愿意讨好自己的人特别友善。他们不只希望别人恭维自己，而且还希望别人赞美他们的国家、他们的言行举止和风俗习惯。这么做只需你付出微小的代价，就可以为自己赢得声誉。当初我在非洲公干的时候，就是这么友善地对待黑人的。再见！

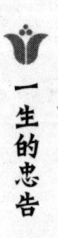

——第85封信——
如何建立私交

> 若是能谨慎地与人建立私交,并且巧妙、有力地加以维系,那么你最终会成功地编织起自己的关系网。

亲爱的朋友:

我将向你隆重推荐待在巴黎的两位英国同胞,希望引起你的重视。为此,我建议你采用两种不同的方式与他们建立最密切的关系。

第一位是绅士,你以前就应该听说过,只是不熟悉罢了,他就是亨廷顿伯爵。除你之外,他就是我最关心、最尊敬的人。他称我为义父,这令我感到无比自豪。他学识渊博、才华横溢,各方面都非常出众。如果再把他优秀的品质也考虑进来,那么他很可能称得上是英国最优秀的人。如果我没有看错的话,他回国之后就会大展宏图,一定不会辱没他的出身,不会辜负我的期望。因此,与他建立密切的关系,对你而言好处多多。而且我可以向你保证,看在我的面子上他会无微不至地照顾你。同时,我也希望他会因为我的缘故愿意与你建立良好的私交。

在英国的议会政府中,与人建立私人友谊,其重要性毋庸置疑。若是能谨慎地与人建立私交,并且巧妙、有力地加以维系,那么你最终会成功地编织起自己的关系网。其中,有两种私交一直以来我都希望你建立起来。第一种，我称之为"平等的关系"，即交往的双方才华相当、能力相近，并且彼此认同。如此，双方建立起来的是一种较为宽松的关系。一方必须看到另一方的才干，并且深信对方愿意帮助他。这种关系建立在互相尊重的基础上，交往的双方互相帮助相互依存，不会为了眼前各自的利益破坏两人的关系。双方必须行动一致，万一出现分歧，就需要稍作退让，使得最后双方能达成共识。我希望你跟亨廷顿伯爵能建立起这种关系。你们两人回国后可能同时进入议会工作，假如再跟其他一些能力相当、勤奋向上的年轻人结交，那么你们的私交就会获得政府的首肯和认可，并且帮助你们在仕途上大展身手。

第二种，我称之为"不对等的关系"，即一方拥有才华和能力，另一方拥有显赫的家世和巨额的财富。在这种关系中，一方通过巧妙的手法侵吞了所有的好处，而另一方必须表现得彬彬有礼、举止得当，还能够忍受对方的盛气凌人，以维持这种关系。对较弱的一方以攻心为主，让他们相信在这段关系中自己处于领导地位而不是被人领导。这种人能够巧妙地影响他们的领导者。

我要向你推荐的第二位是女性。请别误会我是在给你介绍女友，眼下这事还不在我的心上，况且她很可能年过五十了。她就是赫薇女士，在第戎的时候我曾经让你拜访过她。令我高兴的是，她将在巴黎待一整个冬天，与她建立私交将使你受益匪浅。这位女士一生周旋于各国宫廷，学会了各种宫廷礼仪和文雅的举止，显得庄重而不轻佻。她读过所有女性应当阅读的书籍，甚至远远超过任何一位女性的阅读量。她精通拉丁文，可是却非常巧妙地将其掩藏起来。她将会把你当自己儿子看待，我也希望你能

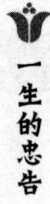

把她看做我的代理人，毫无保留地信任她，请教她各种问题。请求她指出你在言行举止上的瑕疵，哪怕只是微小的失误也不能放过。没有哪位欧洲女性比她做得更好，因为没有哪位女性比她知道得更多，也没有人比她更乐意或更适于帮助你。她不会在社交场合当众指出你的缺点，让你颜面扫地，而是通过某些暗示提醒你，或者等待机会跟你单独相处的时候才指出来。她身处法国的上流社会，不仅会引荐，而且还会"提携"（若是我可以使用这个词的话）你进入法国的上流社交圈。我可以向你保证，若是得到上流社会贵夫人的提携，你将会青云直上。我随信寄上你的职位证明书，初次登门拜访的时候可以给她过目，让她对你的工作有所了解。希望你能从她那里获得支持！

―――第86封信―――
避开与人交往的误区

  在社交场合，没有什么比走神或分心更容易得罪人。这表明你对他人极为不尊重，而人们永远不会原谅蔑视自己的行为。

亲爱的孩子：

  假如世上真有迷幻药的话，那我真怀疑你给查尔斯·威廉先生服用了一些。因为他对我以及所有人说起你的时候，总是大加赞赏，就像服用了药般不能自已。他称赞你学识渊博、无人能及，这些话我就不再多说，生怕你听了之后变得扬扬得意忘乎所以。你可以想像我问了他多少问题，并且绝不放过任何细节。他都一一作答，而且答案正是我希望听到的。直到我对你目前的品性和学识感到满意为止，我才开始询问你其他方面的表现。它们虽然不及品性和学识重要，但对任何人来说都十分重要，尤其是对你——我指的是你的谈吐、举止和风度。之前他也观察过你在这些方面的表现，不过他的回答并不能令我满意。作为你我共同的朋友，查尔斯·威廉先生认为他有责任告诉我你身上存在的不足，他说这话时的态度就像称赞你的优点时一样坦诚。而我也同样有责任把他的话转达给你，希望你能加以改正。

  他告诉我，你常常在一些社交场合走神，表现得心不在焉、

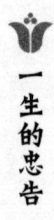

注意力不集中，这种态度令人难以容忍。当你走进房间、向人介绍自己的时候，你的表现有失礼节；当你用餐时，经常不小心弄丢刀叉、餐巾纸、面包片等等。此外，你也不注重自己的仪表和穿着。这些失误对任何人来说都是不可原谅的，更何况是像你这样的年轻人。

以上提到的细节，在不懂得为人处世、疏于省察人性的人眼中也许是微不足道。可是在我眼中，它们十分重要，所以我非常关注这些细节问题。我一直都担心你过分不拘小节，所以才会不断地提出忠告。坦白说，在没有听到你有任何起色之前，我就无法放下我的心。

就我而言，我宁愿跟死人做伴，也不愿跟走神的人相处。死人虽然不会给我带来任何快乐，可是至少不会对我流露出轻视的神态；而走神的人尽管话未出口，可实际上却表现出对我的不屑。此外，一个经常走神的人能否观察他所在群体成员的品性、习惯和举止呢？不能。或许他一生都与上流人士交往（要是他们肯接受他的话，换作是我，绝不会接受这种人），可是对他们一无所知，从他们身上学不到任何优秀的品质。我绝不会跟这种心不在焉的人交谈，因为跟他们说话就像对着聋子说话一样，白费力气。实际上，试图跟一个不会倾听、不会思考或者无法理解我们的人交谈真是大错特错。而且，我敢断言，没法把注意力集中到当前目标并且按照目标实践的人，无论如何都干不成大事，而且也不适合与人交谈。

在社交场合，没有什么比走神或分心更容易得罪人。这表明你对他人极为不尊重，而人们永远不会原谅蔑视自己的行为。没人敢在自己敬畏的人或者深爱的人面前心不在焉，这就足以证明，只要对人心存敬意或爱意，就能克服这种心不在焉。相信我，做事集中精神总是必要的。

你知道，为了使你接受最好的教育，我从不吝啬，但是我绝对不会花钱为你雇一个专职佣人。在斯威夫特先生的作品中，你可能读到过这样的佣人，他们对书中的勒普泰家族十分重要。勒普泰人整日里耽于沉思，除非他们的发音或听觉器官受到外界的刺激，否则从不与人交谈，也不留意别人的谈话。正因为此，他们花钱雇了专职佣人，就像家庭成员一样随时随地提醒他们。无论出门散步，还是走亲访友，他们都跟在主人身后，主人走到哪里，他们就跟到哪里。必要的时候，他们会轻轻地拍拍主人，提醒主人前面有危险。因为勒普泰人总是沉浸在自己的世界中，眼看就要坠落悬崖或一头撞到柱子上都不自知，走在大街上会撞到别人，或者被别人撞倒。

总之，我现在明确地告诉你，假如下次见面的时候，你让我看出有一丁点的心不在焉，那么我马上掉头就走，完全没有留下来的必要。假如你用餐的时候，不小心掉落刀叉、碟子、面包片等，或者花上半个小时切鸡翅膀都没有切好，或者袖口总是碰到碟子，那么我肯定马上拂袖离去，以免忍不住要当场发作。上帝啊！假如你第一次走进我的房间时步履犹疑踽踽，做自我介绍时像个十足的裁缝，把衣服随随便便地搭在身上，就像蒙默思郡大街上的衣架子，那我肯定相当震惊。总之，我希望看到你像经常与上流社交圈往来的绅士那样从容、优雅地介绍自己；希望你穿着得体而讲究；希望你举手投足间表现出优雅的气质，谈吐中流露出特别的内涵。我的这些期望只要你稍加关注就能够做到。如果我看不到你在这方面有任何改进，那以后我再也不愿意搭理你

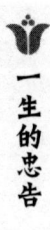

了，因为我实在无法容忍你心不在焉、不修边幅的样子。看到这些，保准会令我气得折寿。

我让你观察L，你不难发现他也时常心不在焉、不修边幅，就像勒普泰人那样耽于沉思，或者有时候什么都不想（我相信，走神的人经常出现的这种状况）；即便是身边最亲密的朋友，他也缺乏了解。当别人和他交谈时，他经常答非所问；他常把帽子落在这个房间，把佩剑扔在那个房间，把鞋子丢在第三个房间；鞋带散了，也不去系紧；走路的时候手脚乱摆，看起来相当奇怪，他的脑袋总是耷拉在肩膀的一侧，看上去像被人揍歪了一般。对他的才华、学识和美德，我表示最真诚的尊敬和赞赏，可是我怎么也喜欢他不起来。日常生活中，心不在焉、不修边幅的人总是惹人厌烦，即便他自身有着许多优点和才学也不例外。

像你这么大的时候，我竭尽所能，渴望在各个方面都出类拔萃。早晨我在老师的指导下，捧着书本孜孜不倦地学习。晚间就出席各种社交场合。我总是留心自己的举止、穿着、风度是否得体；年轻人应该在每个方面都表现得雄心勃勃——在"过"与"不及"之间，总是选择前者。这些绝不是小事，对于即将踏入社会、希望功成名就的年轻人来说，进取心的重要性不可估量，不修边幅、令人生厌的人绝不会有所成就。随时随地向优秀的舞蹈老师请教，让他教给你最正确优雅的身姿，这绝不是为了舞姿优美，而是当你走进房间、自我介绍的时候，能够表现得更优雅、更有教养。女性也是你极力讨好的对象，她们可不会原谅粗俗、笨拙的行为举止。男人也一样，他们不免受到外界优雅与否的指指点点。

很高兴你顺利收到我寄给你的那对钻石扣环，我希望你把它们挂在鞋子上，不要被你的长袜遮盖住。假如听到别人把你说成是花花公子，我会感到十分难过。不过，要是让我在花花公子和邋遢之人中择其一，那么我宁愿你是花花公子，也不要变成不修边幅的邋遢鬼。即便是到了我这种年龄，不再奢求依靠体面的穿着为自己带来任何好处，可是也不能对穿着毫不在乎。尽管我已经过了身穿华服的年纪，可还是会让人把衣服裁减合身，像普通人那样继续穿。我建议你晚上多出去跟那些时尚的女性接触，她们有权享受男性的关爱，也配得到我们的关爱。你会发现与她们交往好处多多，既能改善你的行为举止，也可助你养成集中注意力、尊重别人的习惯。

第八辑 完善自己的人脉

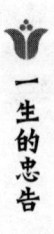

——第87封信——
控制情绪的技巧

与人交往的关键之处在于学会控制自己的情绪,保持头脑冷静,喜怒不形于色。这样人们就无法从我们的话语、行为、甚至脸部表情中窥视我们内心的真实想法。不管是在职场上,还是日常生活中,你都要仔细观察比我们更为冷静、更有才能之人的表现。

亲爱的孩子:

我要向你推荐一种没有任何恶意的交际技巧:你可以在背后夸奖别人,当然最好是当着他们的面,说些稍稍夸大的奉承话,以博取对方的好感。在所有的恭维方式中,这是最讨人喜欢、也是最为有效的方法。还有一些类似的技巧。人们想要在这个社会中立足并且不断前进,离不开对这些技巧的灵活运用。这些技巧掌握得越早,就越能获得人们的赞赏和欢迎,并且在职场上步步高升。然而,充满青春活力的年轻人往往忽视这些技巧,认为它们毫无用处,而且学习起来过于麻烦,索性拒绝接受;可是,后来的人生经验和知识又会让他们意识到它的重要性,那时再想起来为时已晚。

与人交往的关键之处在于学会控制自己的情绪,保持头脑冷静,喜怒不形于色。这样人们就无法从我们的话语、行为、甚至脸部表情中窥视我们内心的真实想法。不管是在职场上，还是日常生活中，你都要仔细观察比我们更为冷静、更有才能之人的表现。有些人总是不会控制自己的情绪，他们一听到不愉快的事情就火冒三丈满脸怒气，或者一听到高兴的事情就喜形于色得意忘形。你可能会说，这种冷静必定只跟体质有关，而不依赖于人的意志。我也同意，身体素质确实在某些方面左右着我们的行为；可我也相信，人们常常找借口宽恕自己情绪失控，这时体质就无辜地背负了这个罪名。要是人们能多关心别人，常反思自我，那么一切都会变得更好；这种人往往用自己的理智来控制身体，而不像大多数人那样让身体掌控了理智。

　　假如你发现自己突然陷入一种爆发的激情和疯狂（因为在激情和疯狂发作期间我看不出两者有任何差别），那就默默地在心里克制它。在你觉得这种情绪尚未消除之前尽量不要讲话，尽可能地保持面色平和、神情自然、注意力集中，如此便能助你养成处事冷静的习惯。在每次谈判中，我最希望遇到的对手就是那种热情、外向的人，这会使我注意自己的言行。通过巧妙的挑衅，我能让对方露出鲁莽、没有防备的表情；通过某些事的暗示，我可以猜测并且准确地发现，隐藏在对方不停变化着的神情背后的真实想法。那些不能控制自己脾气和脸色的人，最后肯定会被善于控制自我的人排挤出局，即使他们的游戏规则非常公平也会不例外。然而，在谈判中你经常会跟一些老谋深算的人交手，对这种人你千万不要暴露出自己的不足。

　　你或许会对我的话不屑一顾，以为我在向你推荐掩饰自我的方法。

　　我承认这一点，但可以证明它是正当的。我会更进一步地

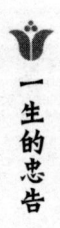

说，没有必要的掩饰，任何谈判都没法进行。掩饰不同于伪装，伪装本质上是错误的，与犯罪无异。培根先生将这种狡猾的伎俩称之为"扭曲的或左撇子的智慧"，只对那些缺乏真正智慧的人才有用处。还有一位同样很有分量的伟人说过，掩饰只是隐藏我们自己的底牌，而伪装是披上虚伪的外衣窥视别人的底牌。博林布鲁克先生在他最近出版的书中说道（有机会我一定送你一本）："伪装是矛——非但不公正，而且还是非法的武器，若是蓄意利用伪装蒙骗他人，罪不可恕；而掩饰矛盾，若是没有适度的掩饰，就不可能在谈判中严守秘密。"

女人对男人的影响有时候是难以估量的，所以你有必要想想该怎样与女性（我是指那些时尚的女性，因为我无法设想你跟所有的女性往来）交往。她们喜爱闲聊，而且人数众多：她们往往因为偏见而对人产生恨意。按照风俗，我们应该对女性同胞彬彬有礼、关心体贴——现实生活中理应如此。假如你想要特别讨好某位女性，那么了解她的个人状况、兴趣爱好或亲朋好友对你非常管用。对于女性，你至少要表露适度的关心和体贴，力求最大限度地博取她们的好感。女人总喜欢听别人恭维自己年轻貌美，对这些愉悦人心又无伤大雅的话，她们往往照单全受。表面上你要装作很关心她们的才智和想法，尊重她们的意见，肯定她们的美德，这会使她们对你产生好感。若是你觉得有必要讨好她们，那么最终必定会赢得她们的友谊。这时，掩饰就非常必要，甚至有时候也允许你稍稍伪装一下，这不仅对你大有裨益，而且也不会伤及他人。

想要评判他人的内在，首先得学会评判自己。尽管每个人的气质各有不同，可是外在表现却大同小异，因为总的来说人们的本性还是非常相像的。那些你感兴趣的或是讨厌的、满意的或是感到不快的东西，也会给其他人带来同样的感受。你可以通过关注自己的外在表现、内在本质以及各种动机，由己及人，对人类有更为深刻的认识。例如，当你觉得自己在学识、地位或财富上都不及他人时，难道不会觉得受到伤害、并为之苦恼吗？你当然会的。当恶意的暗讽、讥笑或是再三地挑衅把你给激怒时，难道你也会以牙还牙吗？当然不会！我希望你与人交往时，做到言辞巧妙，尽量不得罪对方。为了一句玩笑跟朋友闹翻是相当愚蠢的行为；而在我看来，为了一件无关紧要的事情跟人结怨更是愚不可及。

假如这种事情发生在你身上，最应该记住的一条，就是别把对方的嘲笑看做是在针对你，假装什么都不知道，不管你内心多么愤怒，都要把这种情绪隐藏起来。可是，有时候他们表达得相当直接，以至于你没法装糊涂，这时候，自嘲不失为一种明智的做法。承认自己确实存在缺陷或过失，并且把他们的嘲讽看做是善意的，决不要以眼还眼，这只会使你以受害人的面孔示人；只需小心谨慎地掩饰这种愤怒，那么你就会成为最终的胜利者。

第八辑　完善自己的人脉

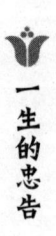

——第88封信——
在竞争中脱颖而出的诀窍

某些情况下,敌人与盟友的确很难分辨清楚。切记:即使心中充满仇恨,表面上仍然需要装出一副若无其事的样子,这一点对你非常重要。

亲爱的孩子:

到底用哪一种态度接触自己不喜欢的人才合适,这对于你很重要。但对于年轻人来讲,即使他知道这么做的必要性,但要真实践起来也相当困难。年轻人有一个普遍的弱点,就是容易仅仅为一些小事便讨厌憎恨对方。

要做到这一点并不简单,因为对立的双方都不会轻易改变自己的立场。因此,最后会产生什么结果,旁人实在难以做出准确预判。例如,两个情敌彼此看对方时,一定会流露出愤怒的表情,甚至还会攻击对方。在这种情况下,在场的人一定会很不高兴,尤其是女性,更会生气。此时,如果其中的一个人能掩饰内心的情感,主动向对方展露笑容,并且从容地应对,情况将会如何呢?相信大家都会不约而同地讨厌另一个人,而女性则会情不自禁地对那位首先对其情敌示好的人产生好感。

一般来讲,一个出色的男人对他的竞争者多会采取两种态度,不是对他表示极端友好,就是彻底把他打败。

如果对方不死心，总费尽心机地侮辱和蔑视你，那么你应果断地毫不犹豫地把对方彻底打败，不给他丝毫反扑的机会。如果你只是心里感到不舒服，却并没有受到多大的伤害，那不妨在表面上维持基本的礼貌。

这么做，可以成为报复对方的一种方法，同时对自己也会有好处。

这样的做法算不上欺骗。如果你肯定某人的价值，欣赏他的为人，希望能和他交朋友，那么你最好采取适当的方法。

在公共场所，即使你对一个失礼的人说了一大堆的客气话，也不会因此而受到任何鄙视或指责。但是，你必须表现出打圆场的态度，不要让周围的人讨厌你。如果你为了个人的喜好或嫉妒而扰乱了周围市民的生活，就不但不会得到同情，而且还会成为被取笑的对象。

亲爱的孩子，在这个社会上心术不正、喜爱憎恨、嫉妒别人的人比比皆是。虽然只是极少数，但还是存在只想摘取果实的、狡猾的不劳而获者。因此，如果你不把和实质没多大关系的装备，比如礼貌、温和的态度等带在身上，便很难适应这个社会。某些情况下，敌人与盟友的确很难分辨清楚。切记：即使心中充满仇恨，表面上仍然需要装出一副若无其事的样子，这一点对你非常重要。

第九辑

生活的艺术

人间有真情,快乐在自身。

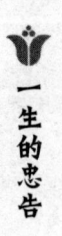

——第89封信——
父亲的指路人角色

> 第一,我有丰富的人生经验,而你目前只是"一张白纸";第二,我是这个世上唯一跟你没有利害冲突的人,并且全心全意为你着想。/那么,就让我来充当你的向导吧!

亲爱的孩子:

虽然我时常给你写信,可是不敢确信这是否对你有用,是不是在白费力气,那些信件对你来说也许只是一堆废纸。这一切都依赖于你的思维能力和理性判断。若是你花点时间想想,并且理智、认真地思考一番,你就会得出两条原则:第一,我有丰富的人生经验,而你目前只是"一张白纸";第二,我是这个世上唯一跟你没有利害冲突的人,并且全心全意为你着想。很明显,根据以上两条颠扑不破的原则,不难得出这样的结论:你应该接受并且遵从我的建议,这完全是为你好。

你若听从我的建议,就会成为博学之人。要知道,这么做,最终的受益者是你,而我只是植树者,乘凉的是你。不管你将来是成为德行兼备的人还是道德败坏的人,现在我都可以从你的所作所为中看到某种迹象。记住,不管你接不接受我的建议,到头来好坏结果全得由你一人承担,与我没有关系。

真正的友谊需要双方年龄相当、举止相称,否则便失去了存在的基础。除了父母与孩子之间,父母对子女怀着热情,子女对父母充满敬意,如此才有可能存在忘年之交。目前你跟年纪相仿的人来往,你们之间的友谊或许是真诚的、热烈的,可是肯定会有摩擦产生,因为交往的双方都没有任何实际经验。年轻人指引年轻人就像瞎子给瞎子指路一样盲目,他们会一起掉进阴沟里。

我不会像上了年纪的人那样,嫉妒你现在享受的一切欢乐。假如这些娱乐为头脑清醒、有荣誉感的人所不齿,那么我只会为你感到惋惜。果真如此的话,你将是真正的、最大的受害者。因此,我只希望你对我心存爱意,在接下来的几年时间里把我当做最好的、最知心的朋友。

唯一能够指导你在人生道路上顺利前行的人,就是走过理想人生道路的人。那么,就让我来充当你的向导吧!我走过的人生道路纷繁复杂,有通途,有险滩,有激流,所以只有我能为你指出哪条才是最佳的选择。坏的榜样引诱我在歧路徘徊,好的向导指引我走上正道。假如在我年轻的时候有人能像我现在为你做的一样,给我正确的建议,那么我就不至于栽跟头、干蠢事,给人带来这么多不便了。我父亲既没有兴趣也没有能力给我提出任何建议,正因为如此,我不希望你将来拿同样的话怪罪于我。

你瞧,我给你做出指导的时候只用"建议"这个词而不是"命令",因为我宁愿你心悦诚服地接受我的建议,而不希望你迫于无奈服从父亲的权威。我相信你是个有头脑的孩子,知道我提出的建议都是为你好,也会按照我的建议行事。因此,我会继续不断地给你提出有用的建议,直到你在品格修养和事业上都能获得成功。

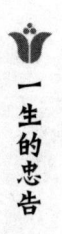

——第90封信——
望子成龙的父亲

我想让你成为"全能型"的人才，这就需要我为你的教育投入大量的精力，而是否付诸行动就全在你了。我现在给你压力完全是为了你好，也希望我倾注的情感和关注在你那得到回报。

亲爱的朋友：

随信附上著作一本，其中加入了我的批注。这本书我已经作过多次注解，在此我就不作过多介绍。我不会放弃对你的教导，除非确信你已完全了解"良言"的重要和必不可少，并且能将其付诸实践。

大多数做父亲的都不愿意在儿子的教养上花费太多的时间，或者只关心儿子的零花钱够不够用，只满足于让他们接受最基本的教育：18岁读完中学，20岁念完大学，之后的两年周游欧洲各地，然后迫不及待地盼望儿子回国成婚。用他们的话来说，"总算定心了。"

也有许多做父亲的很关心儿子，可是他们找不到合适的表达。有的父亲过于溺爱孩子，往往会宠坏他们，以至于孩子长大后经常会为琐事跟自己吵架。有的父亲对孩子的爱就像母爱般"关怀备至"，他们非常关心孩子的身体健康，每逢生日都会为他们举办隆重的生日舞会，看到孩子长得高大强壮就欣喜若狂。还有的父亲则非常关注孩子的思想教育，尽力把他们塑造成理想的人物，同时也不忘及时地指出孩子的缺点和不足。

显然，我属于最后一种类型。通过对你的教育，务求能够清除你身上所有的缺点，我相信你可以做到。我所说的教育是指以系统、渊博的学识为基础——这方面我已经为你做了铺垫；可是，只有学识作为基础还远远不够，你还得在这个基础上建起房子，以修饰这个基础，令其散发出耀眼的光芒。为此，我让你到社会上磨炼，广增见识，凡事都自己拿主意，因为像你这个年纪的人，要么只知道在大学里吃喝玩乐，要么在国外受苏格兰官员的奴役。只有通过这种教育方式，你才能学到得体的谈吐和优雅的举止；否则，再好的道德素养、再丰富渊博的学识，都无缘在各国宫廷或上流社会中得以展现，相反还有可能给你带来麻烦。如果缺乏优雅的举止，人们就会觉得这些品质过于严肃，进而产生害怕和厌恶。

出类拔萃的人物总是拥有得体优雅的言谈举止。你认为我俩共同的朋友——A爵士、陆军上校、弗吉尼亚地方长官、驻巴黎大使等人——凭什么每年能挣到一万六七千英镑？是因为他们出身高贵吗？不，只有荷兰绅士才会因为出身高贵而挣得高薪。那么是因为他们身份体面吗？不，也不是这样。那么是因为他们的学识、才华和政治才干吗？这些问题你很容易就能找到答案。那么究竟是什么呢？很多人对此百思不得其解，可我心里很清楚，那就是他们迷人的风度、得体的谈吐和优雅的举止。他们总是能够不失时机地取悦他人，得到公众的喜爱，并且在此基础上成就自我。如果你不赞同我的观点，那么就请给我找出没有外在品质

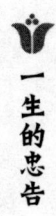

的衬托、仅凭内在优点就能出人头地的例子。你也知道黎塞留两次担任外交大使，并且政绩斐然，他凭借的又是什么呢？不是他纯洁的品格，也不是渊博的学识或者罕见的洞察力和睿智，而是贵妇人的支持！勃艮第公爵夫人对他十分着迷，于是年仅16岁的他就有机会跟着公爵夫人出入上流社会，学习时尚人士的言行举止。后来，摄政王的长女——现在的德·莫德娜夫人——也爱上他，还差点跟他结婚。早年与上流社会贵妇人的亲密关系，使他具备了现在温文尔雅的风度，这也是他最大的资本，因为不论男人还是女人，都无法抵抗优雅、迷人的外在品质，会不由自主地喜欢上这种人。如果撇开这些外在的品质，那么在欧洲没有谁比他更差劲的了。

据我观察，目前你似乎欠缺这种品质。看在上帝的份上，从现在起就用心学习培养它吧。你必须投入全部精力构筑自己的上层建筑，直到它圆满竣工。不知疲倦的实践将会为你带来各种好处，当然，若是没有外在品质也是徒劳。凭借你的学识和才干，并辅之以优雅的言行举止，那么何愁不成大事呢？可要是不具备这些品质，那么你就绝难在成功的仕途上捷足先登，而只能是个"跛足之人"：你压根别想奔跑，而且瘸腿还会影响另一条健全腿的行动，结果两条腿都废了。

我想让你成为"全能型"的人才，这就需要我为你的教育投入大量的精力，而是否付诸行动就全在你了。我现在给你压力完全是为了你好，也希望我倾注的情感和关注在你那得到回报。

——第91封信——
关于爱的思辨

今天许多人缺乏健康的爱的能力，爱便成了一种交易，一种期望回报和注重"结果"的交易。由于总是患得患失，以至于自己在爱中饱受折磨。

亲爱的孩子：

生活中每个人都会遇到爱，却没有几个人能把它完全解释清楚。其实在生活中，每个人都在教训中成长，同时也是在爱中让自己不断得到完善。

爱并不仅局限于男女之间的爱情，还包括友情、亲情、恩情等各个方面。从更广泛的意义上讲，爱就是经历一种特别的温柔感情而不要求任何报答。戴埃认为，爱就是愿意让自己关心的人，根据他自我的意愿为人处世，而不强求他们满足自己的意愿。

一个人在小时候如果不知道要爱什么，如果他看待生活、看待人们、看待动物、花草和整个世界的目光里没有爱，那么当他长大成人，他就会发现自己置身于一片空虚和寂寞之中，恐惧的阴影会随时追随着他。但在一个人的心中，一旦有了这种叫做"爱"的特别的情感，并能体会到它的深刻、欢喜和迷人的魅力，他就会发现，正是为了自己，这个世界才变得如此美丽迷人和生机盎然。

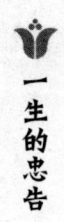

正因为生命中有了爱,我们才会变得精神焕发、谦恭有礼、富有朝气,新的希望会层出不穷,仿佛有千百件事情正等着我们去完成。正因为有了爱,生命中才会有春天,世界才会变得更灿烂。

爱是一门艺术,不但需要真诚,更需要智慧去经营。而一个人往往由于表达爱的方式愚笨,使自己失去爱:不懂得生命细节中的缕缕创意,不会轻松地传递友情,不懂爱情的幽默。瓦希勒夫说过:"爱的实质,就是不断提出新想法,经常感到感情的'饥饿'和对美的永无止境的追求。"

今天许多人缺乏健康的爱的能力,爱便成了一种交易,一种期望回报和注重"结果"的交易。由于总是患得患失,以至于自己在爱中饱受折磨。"困在爱与痛的边缘,以至于几乎自己把自己碾碎。"如果没有了爱,如同断了弦的琴,没了油的灯,夏天也会觉得寒冷。

没有什么感觉能比被爱更能提高人的热情的了。在生活中一个人缺乏生气没有热情的重要原因,就是找不到被人爱的感觉。世上的绝大多数人如果感到自己不被人爱,就可能陷入怯懦的失望中。爱的缺失会使人缺乏一种安全感,而本能地回避这一感觉,结果造成了他们任习惯来控制自己的生活。和那些缺乏安全感的人相比,那些有安全感的人在生活中会拥有更多的幸福感。在一般情况下,安全感有助于一个人逃脱危险。例如,当一个人必须走过一座狭窄的独木桥时,面对桥下的万丈深渊,如果他感觉害怕,反而会比不害怕更容易失足。生活的其他方面亦是如此。任何时候,一个无所畏惧的人比一个胆小怕事的人,都更容易克服困难和挫折,从而迈向成功。一个人无论在事业上有多大的成就，如果把自己关在封闭的铁屋子里而无法扩展这种彼此关怀的爱，那么他就会失去生活中的最大快乐。

人类的天性偏偏容易将爱给予那些对此要求很低的人，因此那种试图通过乐善好施的行为来追逐爱的人，最终会因人们的忘恩负义而产生幻灭感。这样的人是否想过：他试图去追求的爱，其价值远远大于他所给予的物质恩惠。

丧失也是生活的一部分，无处不在，不可避免，无法抗拒。事物并不以你的意志为转移，无论你如何聪明努力，都会有所丧失。人生总是聚散匆匆，就连这个世界也会有变动的时候，何况爱呢？也会发生变迁！因此，我们应对曾经爱过的人以及整个世界，保持一种宽容的态度。

所有的友情，都可能远离；

所有的亲情，都可能逝去；

所有的恋爱，都可能失恋。

因此，对生命我们不必太期望圆满。这样，对失意的结果，才会有承受力，才会减少沮丧和挫折感，才会有健康的心灵。

爱如同树木一样，你必须亲手栽种，亲手浇灌，才能享受到它的绿荫。你施予别人的爱越多，你得到的爱也就越多。你肯定无法找到一位慷慨施予，但却不受欢迎的人物；也肯定无法发现一位刻薄、自私、吝啬，可却受人们普遍欢迎的人。那些乐于奉献、广结善缘、有着博爱之心的人，往往在生活中获益良多。

有这样一句谚语：如果你想获得终生的幸福，就必须首先要做一个充满爱心的人。积极地帮助他人，你就能得到他人的帮助；全心全意地去热爱生活和大自然，你就能获得人生的幸福。亲爱的孩子，你要记住：心中有爱的人会永葆青春！

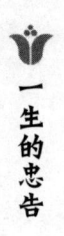

——第92封信——
警惕生活中的诱惑

亲爱的孩子,你如果不能抵制住这些令人腐朽的诱惑,不能远离那些坏孩子的唆使,那将会是多么令人遗憾的事情啊!到那时,你会像初升的星辰一样,一旦坠落就很难再冉冉升起。

亲爱的孩子:

从成为你的庇护人那一刻起,我就深深地爱上了你。我尊重并赞美你,因为在你身上我看到了一颗美好而良善的心。于是,我盼望你的才干也能与之媲美。事实证明它们果真如此。这一切不仅实现了我的愿望,更验证了我最乐观的向往。

在现在的小交际圈中,其他人都很尊重、喜欢你。但我越是爱你,就越是为你担心,害怕在你接下来的六七年里,等待着你的那些诱惑和危险,会使你遭受不测、经历痛苦。要知道,这些诱惑和危险来自糟糕的社交圈和你身边一些坏的例子。

亲爱的孩子,你如果不能抵制住这些令人腐朽的诱惑,不能远离那些坏孩子的唆使,那将会是多么令人遗憾的事情啊!到那时,你会像初升的星辰一样,一旦坠落就很难再冉冉升起。不久的将来,你会看见你以往的那些同伴,无论他们的地位如何,很多人会愚蠢而顽劣地发誓诅咒、醉酒,甚至会为打群架而吵闹不休。你要像躲避瘟神一样地避开他们。如果经常同他们混在一起，你只会使自己面临不幸和耻辱。

不要以为这些劝导是一个啰唆的老家伙在传经布道，相反，这是我对你爱的强有力的证明。我想要让你度过一段美好的青春时光。正是为了这个原因，我要给你年轻的青春装点上高雅的快乐，使你成为一位有思想的人，一位彬彬有礼、讨人喜欢的绅士，决不允许那些丑陋的恶习和坏家伙来玷污或贬低你的性格。

要维系住你在上流社交圈的地位，就必须让自己时刻成为受注目的焦点。不要胆怯，因为胆怯只能将年轻人排斥在上流社交圈之外，令他们误入歧途，将他们带入低级和糟糕的社交团体中。

虽然我相信这些忠告，对你来说也许是多余的。但从现在社会上大多年轻人的状况来看，因涉世未深而变坏的危险性很大，以至于我不得一再地重申我的各种预防措施。

听说万能解毒药能够解除掉很多的毒性，任何毒药也拿它没办法。亲爱的孩子，我如此深爱你，为了给你找到这样一种万能解毒药，有什么是我不愿去牺牲的呢？

第九辑　生活的艺术

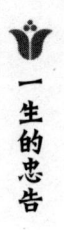

——第93封信——

对婚姻的思辨

婚姻是一种慎重的抉择。选择一辈子的伴侣,不能仅仅以感情的好恶为标准,也不能仅从纯精神的层面来判断,更不能凭外表来选择。婚姻的选择是为了要实践与对方相守一生的承诺。

亲爱的孩子:

结婚是件神圣而庄严的事业。我认为:只有建立在理性基础上的婚姻,才可能收获幸福。约翰逊说过:"只为金钱而结婚的人丑恶无比,只因恋爱而结婚的人愚不可及。"

是的,婚姻并不是可以随便在什么地方都可以开始的事业。如果你想结婚,在这之前我希望你能对双方,都有一个全面和清醒的了解和认识,并对你们双方爱的深度与持久性有一个全面的把握。

亲爱的孩子,你不要太敏感,我没有半点责备你的意思,我满心希望你能获得真正幸福的爱情,想让你整个人生都沐浴在幸福之河。正因为这样爱你,所以在影响你一生幸福的关键时刻,我不想让你出现任何的闪失和遗憾。

出于一些错误的原因而盲目奔向婚姻殿堂的年轻人实在太多了。

有的人仅因贪恋对方的青春美貌，而匆忙结了婚；有的人仅为了逃离父母的束缚，而胜利大逃亡似的结了婚；有的人却是因为太过于向往幻想中的二人世界的幸福美满，而抱着无限向往地结了婚……不止于此，还有因为迫于家庭的压力，而无奈地结了婚；有的人是因为看上了对方的财富，而贪婪地结了婚；有的人是因为看上了对方的权势，而攀高枝似的结了婚……

充满幻想、初尝爱情甜蜜的年轻人总是把婚后的生活想像成晴空万里，一片光明，而事实远非如此。生活也不可能总一帆风顺，现实的婚姻生活，会不可避免地面临挫折和困难的考验。

婚姻是一种慎重的抉择。选择一辈子的伴侣，不能仅仅以感情的好恶为标准，也不能仅从纯精神的层面来判断，更不能凭外表来选择。婚姻的选择是为了要实践与对方相守一生的承诺。

爱情和婚姻关系的发展，不是取决于命运，而是由相爱的双方不断的维护和经营来控制的。开始相爱时，一切都是美好的，不会出现什么危机。尽管人们抱有美好的愿望，但随着时间的推移，还是会有不少人会慢慢变得懒惰，他们对自己的行为对爱情关系的影响不再那么敏感了。实际上，爱情关系是不会一成不变的，它不是朝着加深的方向发展，就会朝着破灭的方向发展。

人们在爱情和婚姻关系中所负的责任是连续的，因为爱情就是一种感觉，一种连续不断、温暖的、充满活力的感觉。你应该采取主动有效的措施，促使爱情的命运良好发展，这样，你就不再是一个爱情行为中的被动者，而是一个主动追求爱情幸福的人。

爱情和婚姻同地球上其他生命体一样，需要不断地浇灌和维护。真正的爱情永远不会枯萎死亡，许多人婚后感情破裂，往往

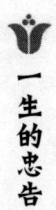

是因为他们没有用心去经营自己的感情。他们的感情本来就是盲目的，或许根本就没有理解爱的真正含义。他们的心灵淡漠，也没有用心去感悟自己与对方最细致的感情的需要。

亲爱的孩子，你一定要记住：用心寻找你的爱情，精心呵护你的婚姻。对自己负责，对爱人负责，对家庭负责！这样，你会收获一生的幸福。

——第94封信——

健康无价

年轻时，人们总是漠视自己的身体健康，也意识不到身体健康和自己的事业有多么紧密的关系。往往是在失去健康后，才恍然大悟、追悔莫及。

亲爱的孩子：

健康的身体是一个人成就事业的基础。你不一定要有发达的肌肉或高大魁梧的体格，但一定要有旺盛的生命力和昂扬的精神斗志。一个人身体的健康，并不仅仅指不生病，它同时还意味着昂扬的精神、充沛的精力和勃发的朝气，能不断地带给自己生机和美丽。同时，一种积极向上的精神面貌也能使身体变得强健，坚韧的意志力往往可以战胜身体上的羸弱。

年轻时，人们总是漠视自己的身体健康，也意识不到身体健康和自己的事业有多么紧密的关系。往往是在失去健康后，才恍然大悟、追悔莫及。一般而言，一个人旺盛的精力往往来源于健康的身体；一个身体病弱的人，意志力也会随之变弱，或者根本就是有心无力。事实上，健康不是人生最终的目的，而是最基本的条件。离开了健康，就不能很好地工作，至少不能像拥有健康时那样精力充沛地做好工作。

亲爱的孩子，拥有健康并不意味着拥有一切，但如果失去健

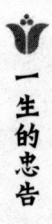

康，也就意味着失去一切，因为健康对人生来说是第一位的。一个完全忽视自己健康的人，就是不尊重生命。

有这样一个广泛流传的故事，说的是有一个阿拉伯数字，即10000000，读作一千万，这一长串的数字代表着一个人所具有的综合素质和生命价值。由最末的位数向前，每一个"0"依次代表一个人的专业技能、学识、智商、阅历、敬业精神、品行等等，最高位数"1"则代表一个人的健康。正由于"1"的存在，后面的每个"0"才都呈现出比自己大十倍、百倍的意义。10000000就是千万财富，但一个人一旦失去健康"1"就会不复存在，此时，后面所有的"0"都不过仅仅是个零而已。那么，他所有的一切，包括才智、财富、事业、幸福等都将会化为乌有……

亲爱的孩子，如果一个人失去了健康，就算他家财万贯，那又有什么意义呢？古希腊的赫拉克利特说过："如果没有健康，智慧就表现不出来，文化无从施展，力量不能战斗，财富就变成废物，知识也无法利用。"由此可见，健康的身体对每一个人来说是何等重要！

那么，一个人怎样才可以远离疾病，保持健康呢？

首先要培养有规律的生活习惯。每天都按时休息、起床、吃饭、学习、工作、娱乐……不轻易因为外界的干扰而改变自己的生活规律。经常饥饱不均，或经常地熬夜工作，生活没有规律的人，很难拥有一个健康体魄。要知道，生活的规律化才是健康的优先保证。

健康、积极、乐观的人生态度，对于健康的身体同样十分重要。人生的成功在于追求成功的过程中，而不仅仅是一种结果。

任何事情都有两面性，乐观的人会看重好的一面，忽略不好的一面，这样的人生就会显得轻松、快乐。同是一个装了半瓶水的瓶子，乐观的人会说，太好了，瓶子里还有一半的水呢；而悲观的人却会说，太糟糕了，只有半瓶水了。人的一生会无数次地面对这种情况，就如同一个装有半瓶水的瓶子一样，就看你怎么看待它了。

培养多方面的兴趣，也是一种保持青春活力的有效方法。青春是一种心境，青春的容颜易失，但青春的心境却可以永远不老，拥有这种心境的人，可以青春常在。因为这颗心中藏着对生活的热爱和感恩，其中总是流淌着生命的清泉。

亲爱的孩子，你要多进行运动，保持持之以恒的体育锻炼。曾有人这样说：一个人在30岁之前锻炼身体，就像是在不断地给自己的生命的银行账户里存钱。的确是这样的，一个人在年轻时不懂得锻炼身体的重要性，等年老时，各种疾病都不请自来，此时不但要花钱治病，还得忍受疾病的折磨。

当今，人的竞争压力越来越大，一个人要想在众多的竞争者中脱颖而出，健康的身体是最基本的保证。身体健康的人不仅精力充沛，而且心胸宽广、态度乐观，在压力面前就不会轻易败下阵来。

亲爱的孩子，你要记住，生命的价值取决于健康。它是你幸福生活的基础，事业成功的保证，更是你一生幸福的资本。

第九辑　生活的艺术

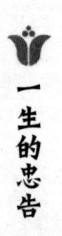

——第95封信——
张弛有道

只知道工作而不懂得休息的人，犹如没有刹车的汽车，危险无比。而不知工作的人，则和没有引擎的汽车一样，毫无用处。

亲爱的孩子：

"文武之道，一张一弛"，生活亦如此。当你完成了一天的学习或工作后，就别再去考虑那些事情了。当走出单位大门的时候，就要把你的事业也留在里面。不要把学习或工作上的烦恼、忧愁一起带回家，那样只会影响你晚上的休息。

在辛苦工作了一天之后，好不容易躺在床上时却还在时刻不停地想着学习或工作上的事情，那你很难会休息好，也很难在第二天精神焕发，学习或工作的效率自然就会下降。这就像一匹即将参加比赛的马，在比赛前一天晚上还一直奔跑一样，第二天很难夺冠。一个人长此以往，那么，即使他的能力再强，也难以获得成功。

由于身处激烈的竞争环境，现代人无论是学习、工作或生活的其他方面，压力都很大。在这种情况下，一个人就更应该调节好自己学习、工作或休息的时间。面对紧张的生活节奏，面对学习或工作上巨大的压力，你应该如何应对呢？

亲爱的孩子,以父亲本人的经验来说,你要学会休息,在你感到疲劳之前就休息!当然,休息并不是绝对什么都不做。休息就是修补。其实,在短短的一段休息时间里,就能有很强的修补功能,即使只花5分钟的时间打个盹,也能让即将降临的疲劳感一扫而光。

身体容易疲劳的人往往心情也会极度焦虑;另外,一个容易感到疲劳的人也容易对任何事物丧失兴趣。任何一个略有医学常识的人都会能告诉你,疲劳会降低人体的免疫力;而任何一位心理学家也会告诉你,疲劳会使你对忧虑和恐惧等感觉的抵抗力大大降低。所以要防止疲劳,就要学会放松自己的心情,不要让自己的身体整天都处于疲劳的状态中,任何一种精神或情绪上的紧张或焦虑状态,在完全放松之后就会消失了。

我的一位朋友,几年前他常常感到劳累和疲乏,为了克服这一问题他什么方法都用过,也吃过维生素和各种补药,但这些对他一点效用也没有。迫不得已,他去看医生,医生建议他天天去"度假",到底是怎么做的呢?就是在工作的时候,只要感到疲劳,就及时休息,以恢复精力。果然,从此,他慢慢恢复了正常,生活工作都逐渐走上了正轨。

一位著名的科学家也认为:他无穷无尽的精力和耐力,都来自于他能随时随地想睡就睡的习惯。

我认为行乐不是一个有理智、有个性之人的单纯的追求,但却是他应得的休息和报酬。人生的享乐使生活成为一件快乐的事情,但是必须把这些享乐作为附带的事物,而不能作为生活的全部。

曾有一位名人说:"一个懂得生活的人,他的时间该分为三

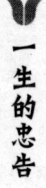

部分：劳动、享乐、休息或消遣。"没有消遣就不会有欢乐，正当的游玩，是对辛苦的安慰，是为工作做的准备。对我来说，读书与消遣是一种令人心旷神怡的娱乐，如果你学不会这种消遣的本领，就无法在读书的时候获得快乐。

只知道工作而不懂得休息的人，犹如没有刹车的汽车，危险无比。而不知工作的人，则和没有引擎的汽车一样，毫无用处。亲爱的孩子，你要学会合理安排好自己的生活，张弛有度，紧张有序，健康而快乐地生活着！

——第96封信——
学会自己照顾自己

这次病得如此严重，现在你应该意识到健康有多么可贵了吧！你一定要谨遵医嘱，按时服药，合理安排自己的饮食。

亲爱的朋友：

我昨天才收到你的秘书5月4日寄来的信，信上说你还在发高烧，不过已在逐渐消退，这令我稍感宽慰，可是并不能完全消除我的忧虑——你是持续地发烧呢，还是间歇性地发烧？若是持续高烧，那么你现在的身体肯定相当虚弱，而且还会伴有头痛。若是间歇性发烧，那怎么一直不见好转呢？我希望在下一封来信中能听到你恢复健康完全痊愈的好消息。当然，你的高烧一直不退，很可能是没有定时服药，或者生活没有规律所致；否则，高烧不可能主动"登门拜访"，或者就像医生说的那样"再度归来"，仿佛你对它翘首以盼似的。这次病得如此严重，现在你应该意识到健康有多么可贵了吧！你一定要谨遵医嘱，按时服药，合理安排自己的饮食。以我的经验，饮食应该求精而不宜求多。我宁可每餐只吃半磅熏肉，也不要吃超过两磅的食物。

我到这儿快有一个礼拜了，令我满意的是，这里的环境还不错，非常适合休养。由于失聪和其他疾病，我不得不与社交生活

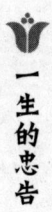

告别。如今的我只是个形单影只的幽灵，生活在以前的光环下。与真正的幽灵相比，唯一的区别就是，他们只在夜间出没，而我选择白天。

　　我的身体与去年相比，毕竟还是好了很多，真是多亏了每天喝牛奶的好习惯，使我有精力参加一些娱乐活动，能够写写信、看看书……这在去年是根本不可能的事。如今，我只能从纷繁的世俗生活中抽身出来，过着平静、与世无争的生活，确切地说应该是"安度晚年"。

——第97封信——
病人需要人陪伴

如果说一个正常人都无法忍受孤独的话，那么对病人来说孤独就称得上恶魔了。被疾病困扰的人总喜欢胡思乱想，把自己的病症想得十分严重。其实完全没有必要。

亲爱的朋友：

你上次写给我和格瑞文考普先生的两封信着实让我不安。我只能不断安慰自己，希望你只是跟其他患者一样，把自己的病症想得过于严重了。要知道，腿部浮肿症可不是突如其来发作的。我认为，你只不过是因为患了痛风或者风湿才引起大腿肿胀，这是暂时的现象，应该很快就可以消退。大概四十年前，有一次我发烧很严重，结果腿也肿得相当厉害，就跟你现在的情形差不多。当时我马上就怀疑自己是不是得了腿部浮肿症，可是医生非常肯定地告诉我，说这只是因为发烧引起的腿部肿胀，不是浮肿症，而且很快就可以痊愈。果然，我的烧退了以后，腿部肿胀也渐渐好了起来。请让你的秘书每周给我或格瑞文考普先生写封信，报告一下你的病情，好让我们对你的身体状况有所了解，不致因为得不到确切的消息而担惊受怕。

前段时间我一连给你写了四封信，不知道你有没有全部收

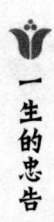

到？看过之后是否觉得它们对你有用？就你目前的身体状况而言，你尽量不要出门参加社交活动，我希望你的朋友或熟人能来看望你，陪你说说话、解解闷。如果说一个正常人都无法忍受孤独的话，那么对病人来说孤独就称得上恶魔了。被疾病困扰的人总喜欢胡思乱想，把自己的病症想得十分严重。其实完全没有必要。你可以邀请见习的牧师到家里来跟你做伴，我相信，他们肯定十分乐意这么做，而且你也能从他们身上得到安慰，在谈天说地中打发因生病而略显无聊的时间。

可怜的哈特先生还待在家里休养，他的情况相当糟糕，左半边身体已经无法动弹，而且几乎丧失了语言表达能力。昨天我去看望他，他还问起你的情况。于是我给他看了你的来信，他对你的身体状况深表关切。

我的身体还是跟去年刚来这儿的时候一样，仍旧是老样子，既不见好转，也没有坏到哪里去。我的腿脚行动不便，如果没有用人的搀扶行动，只能勉强在地上慢慢挪动一刻钟左右，更不用说自己上下楼梯了。

愿上帝保佑你早日康复！

——第98封信——
真正有益的娱乐

我可以把自己的亲身经历跟你说说,或许对你有点用,尽管我对此感到很羞愧。我年轻的时候也喜爱玩乐,而且常常别人说什么就信什么,从来不会根据自己的兴趣和爱好做出选择。

亲爱的孩子:

大多数年轻人在追求欢乐的过程中都遭受过打击。他们扬帆起航去寻求欢乐,可是由于没有指南针为他们指明方向,或者目标不明确,不知该驶向何方,所以这样的航行带给他们的只有痛苦和羞耻,而不是他们预期的欢乐。不要以为我会像禁欲主义者那样对欢乐大声斥责,或者像牧师那样苦口婆心地劝你放弃欢乐。不,我只想把真正的欢乐介绍给你,愿你尽情享受欢乐,可是我不希望你沉溺其中。

大多数年轻人喜欢玩乐,可他们只知道盲目地追随同伴的喜好,并非依据自己的兴趣和爱好做出选择,缺乏自己的判断力。而所谓"快乐之人"就其庸俗的意义上来说,是指那些喝得醉醺醺的酒鬼、自甘堕落的嫖客或是满口胡话的疯子。我可以把自己的亲身经历跟你说说,或许对你有点用,尽管我对此感到很羞愧。我年轻的时候也喜爱玩乐,而且常

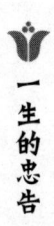

常别人说什么就信什么，从来不会根据自己的兴趣和爱好做出选择。

比如，我天生就讨厌喝酒，每次喝酒都会呕吐，第二天还大病一场，可我还是常常喝酒，因为我当时相信喝酒是成为优秀的绅士和快乐之人必不可少的条件。

我对于赌博的态度也是如此。其实我并不缺钱花，没必要为了钱去赌博。可我当时竟会认为赌博是让人快乐的必要条件。因此，尽管刚开始我并不是非常喜欢赌博，可后来还是沉溺于此，牺牲了大量可以享受真正欢乐的时间。至今想起来还会惭愧不已，因为我把人生中最美好的30年时光浪费在赌桌上。

还有一段时期，我竟荒唐地模仿我所仰慕、崇敬之人的言行。不过很快我就意识到自己的行为有多么愚蠢，马上就停止了模仿。

我当时受到社会潮流的影响，盲目地追寻一些徒有其表的虚幻的欢乐，结果却丢失了真正的欢乐，而且财富慢慢地减少，身体渐渐地垮掉。我必须承认，这是我应得的惩罚。

你要牢牢地记住：选择适合自己的娱乐方式，不要把别人的娱乐强加在自己身上；按照自然的原则而不是流行的原则，掂量一下现在的娱乐方式带给你的各种后果，然后凭着你的理智作出正确的选择。

如果可以让我的人生再来一次，那么以我现有的经验，我肯定会选择一种真实的生活，而不是生活在空中楼阁里。我会很享受美酒佳肴带给我的快乐，但是尽量避免大吃大喝带来的痛苦。我不会在20多岁的时候就像牧师那样向人们宣扬节制和稳重的必要性，别人爱做什么就做什么，我不会为此义正词严地指责他们。可是我会格外注意不让过度的玩乐损害到我的健康，还会好好规劝那些对自己身体不负责的朋友。我之所以玩牌是想带给自己欢乐而不是痛苦，也就是说，我只拿一点点钱就可以和周围的人打成一片，让自己觉得快乐，同时又遵循社会习俗。可是我也会当心不让自己为了赌钱而玩牌：要是我赢了，固然再好不过；要是我输了，就得面临还钱的困境，不得不撤下别的开销用来垫付在赌桌上，至于赌桌上那些经常发生的争吵就更是让人厌烦了。

我会拿出更多的时间去读书，并跟一些有见识、有学问的人交往，尤其是那些比我优秀的人。我也会常跟一些时尚男女结交，尽管他们衣着华丽言语轻浮，可并非一无是处。他们思想开放、精神焕发，你可以从他们身上学到文雅的社交礼仪。

要是我再活30年，那么这些就是我想要的娱乐，它们让我显得更为理智。而且我还要告诉你，这些才是真正时尚的娱乐方式。试想，难道上流的社交圈能够接纳一个成天喝得醉醺醺的酒鬼？或是欢迎一个输得精光，还怨天尤人的赌徒？或是一个语言粗鲁、声名狼藉的嫖客？不可能。真这么做的人或是吹嘘自己这么做的人，绝不可能在一个上流社交圈中待下去；若想待下去，即使他们真的做过，也不愿意承认。一个真正的时尚人士和快乐之人非常恪守礼节，至少他们洁身自好，不会染上这些恶习，要是不幸染上的话，也会根据时间和场合适度地满足自己，尽量不损人耳目。

在此，我还没有提及精神上的快乐（那是更为稳固、更为持久的欢娱），它不同于人们通常理解的感官上的享乐。那种由美德、善行或学识带来的欢乐才是真正而持久的愉悦，这也是我希望你能好好了解的。再见！

——第99封信——
学习和娱乐

千万不要设想你可以持续不断地把时间都花在严谨的学习上。不要这么想！适当的时候也要娱乐一下。两者对你同样必要而有益：它们可以帮你塑造成适应社会的人，培养你的品性。

亲爱的孩子：

这次我必须跟你聊聊学习和娱乐的话题。我像你这么大的时候，大部分的时间都是在图书馆里度过的，期望从中得到一种持续不断的成就感。如果能够回到从前的话，我希望自己能更好地利用这段时间。那样的话，现在的知识体系就会更加完善。

年轻时要广泛播撒知识的种子，将来可以成为你避风的港湾；让你的知识园林变得更加茂密繁盛吧，你会为曾经的辛劳而获得加倍的补偿。当然，你也要花一些时间在娱乐上，劳逸结合，有益无害。年轻的时候，我从娱乐中充分享受到了青春的激情。假如我根本不懂娱乐，那么或许会高估了它的价值；而事实上我玩乐的时候，头脑异常清醒，知道它的真实价值，以及它在多大程度上被人高估了。同样，我也不后悔把时间花在学习和工作上。那些只看到事物表面的人，想像着隐藏在它背后的魅力，这正是他们所渴望的。除了熟人，其他人都没法让他清醒过来。

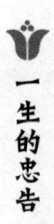

我，一个站在幕后的人，享受过娱乐也做过正事，所以我能看清令人惊讶和炫目的装饰品背后所有的根源和吸引力。我不仅不感到遗憾，反而觉得很满足。可是，我唯一感到后悔的就是，年轻时有的时候我既没有去工作，也没有娱乐，而是无所事事地打发了大量的时间，结果一事无成。

记住，要充分地利用时间。要是你能充分利用时间，把每分每秒累加起来，那么它的价值就难以估量；要是把时间浪费掉，那么你的损失也将无可挽回。要是把每分每秒都用在刀刃上，那么你会收获更大的乐趣。千万不要设想你可以持续不断地把时间都花在严谨的学习上。不要这么想！适当的时候也要娱乐一下。两者对你同样必要而有益：它们可以帮你塑造成适应社会的人，培养你的品性。我知道有很多头脑懒惰的人，他们做事的时候满脑子是乐子，娱乐的时候又想着自己还有事没做。可是他们实际上既享受不到快乐，事情也没有干成。他们跟享乐之人混在一起，就觉得自己是享乐的人；当有自己的事情要做时，又觉得自己是个正经人，尽管他们什么都干不成。

──第100封信──

真正的享乐

一天到晚只知道玩乐的人，其实根本享受不到任何乐趣，而且这种行为非常可耻；还不如每天花几个小时认真学习或专心工作，反而更能刺激大脑和感官，使之更好地享受娱乐。

亲爱的朋友：

像你这个年纪的年轻人，热衷玩乐是再自然不过的事，而且也应该尽情享乐。可是，你们通常没有找到适合自己的娱乐方式，只是一味地模仿别人，结果在享乐的过程中酿成大错。

年轻人如此着迷于所谓的"享乐之人"的个性，以至于没法对适合自己的娱乐方式做出理智的判断，结果在娱乐中逐渐养成恶习，变得放荡不羁，不服管束。我记得好多年以前发生过一件事，令我印象深刻。有这么一个年轻人，他决心成为一个名副其实的"享乐之人"，于是开始玩一种名为"毁灭的放荡者"的游戏。有朋友就问他，他是否只满足于做个放荡者，而不去做什么毁灭者？他带着极大的热情回答道："不，正因为有了破坏，一切才显得完美。"这番话听起来有点夸张，可确实反映了许多可怜的年轻人的真实想法。他们被享乐迷住，不计后果地陷入进去，最后不能自拔。

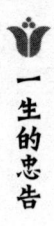

古希腊将军阿尔基比亚地斯就能很好地处理娱乐和工作之间的关系。他尽管时常沉迷于可耻的放纵，可是仍然把一部分时间花在哲学和工作上，并且取得了突出的成就。古罗马帝国的恺撒大帝也能把娱乐和工作巧妙地结合起来，使两者互相配合、相得益彰。他尽管私生活十分放荡，染指无数罗马妇女，可还是会抽出一定的时间来学习，并且成为最优秀的学者之一，尤其是优秀的雄辩家，当然他还是最出色的军队统帅。

我不会一再地劝告你，也不会像牧师那样说教，希望你年纪轻轻就成为禁欲主义者。我决不会这么做！我只是向你指出各种娱乐的方式，助你尽快找到适合自己的娱乐，学会真正地享乐。你要学会享乐，并且让它成为自己的娱乐，如此你才会从中获得乐趣；千万不要从别人那里照搬照抄，你得顺着自己真实的天性寻找恰当的娱乐方式。你必须付出一定的代价，才能享受真正的快乐，而自暴自弃的人绝不会感到人生的欢乐。

一天到晚只知道玩乐的人，其实根本享受不到任何乐趣，而且这种行为非常可耻；还不如每天花几个小时认真学习或专心工作，反而更能刺激大脑和感官，使之更好地享受娱乐。整日里好吃懒做的懒汉、喝得醉醺醺的酒鬼或是沉迷于女色的嫖客，他们决不会从这种过度的享乐中获得任何快乐，只能让自己的生活一无是处。

妇女对此的态度尤其明确。她们最瞧不起那些没有声望又歧视女性的人。这种人常把所有的时间都花在寻花问柳和修饰打扮上。女人们把这种人当做破旧的家具，一旦有了新的更好的就毫不惋惜地扔掉。妇女在选择爱人的问题上，更多的是靠听觉而不是靠理智。若是某位男士受到同性的高度赞扬，那他就会成为女性最喜爱的对象。这样可以满足她们的虚荣心,而虚荣心对女性而言,就算不是最强烈的情感,也是普遍存在的情感。

素质较低的人只追求满足肉欲或感官上的享乐,这是低级的娱乐,这种娱乐只会令人蒙羞;而上流人士则追求优雅、精致的娱乐,这种享乐方式既不失品位,也不会给人带来危险。总之,对头脑清醒、有理智的人来说,不应该把娱乐当做主业,沉湎其中而无法自拔,但是可以偶尔为之使之成为放松心情的调味品。

把你的时间合理地分配给严肃的工作和高雅的娱乐。上午你可以学习、干些正事或者跟有学问的人谈论严肃的话题,千万别为了梳妆打扮花上一个小时。用餐是一天里最放松的时刻,除非有突发事件需要马上处理,你可以好好享受这一时刻。上流人士即使在餐桌上也表现得很有节制,绝不会暴饮暴食,更不会喝得烂醉,做出有损颜面的蠢事。晚上你可以出去散散步,或去歌剧院听音乐会,或者到舞厅跳跳舞,或约人吃吃饭、聊聊天。这是一个真正有理智和会享受之人的生活。若是你也能够如此安排时间,选择适合自己的娱乐活动,那么就会受到上流社交圈的欢迎,并且在事业上也会有所成就。

你看,我对你并没有什么苛求,也不强迫你对我言听计从。我现在是以朋友而不是以父亲的身份给你提出忠告,因此这些话对你应当具有相当的分量。若是你执意不听,还是要跟一帮素质极差的人混在一起,染上他们的恶习,生活放纵,丝毫不知检点,那你永远都别想取得我的原谅。